To Owen Hannaway
bien amicalement
C. L.

LA SÉLECTION NATURELLE

OUVRAGE PUBLIÉ AVEC LE CONCOURS DU C.N.R.S.

" galien "

HISTOIRE ET PHILOSOPHIE DE LA BIOLOGIE ET DE LA MÉDECINE

Collection dirigée par Georges Canguilhem, professeur à la Sorbonne

La sélection naturelle

Étude sur la première constitution d'un concept (1837-1859)

PAR

CAMILLE LIMOGES

Professeur à l'Université de Montréal

PRESSES UNIVERSITAIRES DE FRANCE

108, BOULEVARD SAINT-GERMAIN, PARIS

1970

Ce livre est dédié à mes collègues de séminaire
de l'Institut d'Histoire des Sciences de Paris
(1964-1968)

Dépôt légal. — 1re édition : 2e trimestre 1970

avant-propos

Ce livre est constitué du texte remanié d'une thèse de doctorat de 3e cycle soutenue à l'Institut d'Histoire des Sciences et des Techniques de l'Université de Paris au printemps 1968. Le jury était composé des Prs Georges Canguilhem, directeur de cet Institut, Maxime Lamotte, écologiste, du Laboratoire de Zoologie de l'Ecole Normale Supérieure de Paris et Jean F. Leroy, botaniste, du Museum National d'Histoire Naturelle.

Le propos n'a pas été d'écrire une biographie. Il s'en trouve sur Darwin d'excellentes, comme celles de Keith ou de Gavin de Beer. Uniquement préoccupé ici de comprendre les étapes et les conditions de la première constitution d'un concept, on supposera connus les événements requis pour situer les débats théoriques qui s'y rapportent.

Ce qui est en question dans ce livre, c'est la constitution du concept de sélection naturelle dans la biologie anglaise de la première moitié du XIXe siècle ; en question aussi une certaine histoire du darwinisme originel, comme une certaine conception du travail historique dans le domaine conceptuel. Etude d'histoire donc, mais critique, ramenant sans cesse à l'épistémologie qui la fonde, qui pourrait donner à l'histoire conceptuelle ses titres de rigueur.

Le concept de sélection naturelle y sera étudié dans sa constitution, c'est-à-dire tout à la fois dans l'acte qui le fait paraître, et dans ses entours, dans la distribution des éléments qui le composent, dans leur organisation, dans les conditions très précises de son exercice, inséré qu'il est dans un corps de concepts dont précisément il définit l'ordre.

Pour avoir bien voulu accepter la direction de cette thèse et m'avoir toujours accordé un appui empressé auprès des institutions qui ont rendu possible en France mon séjour de quatre ans, je désire remercier ici M. le Pr Georges Canguilhem. Je veux également remercier le Pr Sydney Smith, zoologiste de Saint-Catharine's College, Cambridge, et M. Peter Gautrey, directeur de la salle des manuscrits occidentaux de la Bibliothèque Universitaire de Cambridge, pour les précieux conseils ou pour l'aide qu'ils m'ont apportés au cours de mes séjours en Angleterre, et enfin M. Jean-Claude Cadieux qui a constamment discuté avec moi de cette recherche.

D'autre part, il est certains auteurs envers qui j'ai une dette particulière qu'il faut dire ici : C. C. Gillispie et W. F. Cannon pour leurs travaux sur les rapports de la religion et de la science prédarwinienne ; P. Vorzimmer pour ses articles sur les conséquences de l'acceptation par Darwin de la théorie de l'hérédité par fusion des caractères parentaux ; R. C. Stauffer pour ses analyses du manuscrit de 1856-1858 ; Sir Gavin de Beer dont, notamment, les abondantes notes bibliographiques à son édition des carnets de Darwin ont été d'un constant secours, et Henri Daudin, dont les travaux, quarante ans après leur parution, demeurent indispensables.

Enfin, la discussion faite ici des conceptions de Lamarck a pour origine des exposés préparés avec M. Jean-Claude Cadieux et présentés au séminaire de M. Canguilhem à l'Institut d'Histoire des Sciences au début de 1968.

Chapitre Premier

introduction

1. *Sur la datation de l'abandon du fixisme par Darwin*

Dans un texte souvent cité de son *Autobiographie*, Darwin donne comme origines de ses vues transformistes quatre observations faites au cours de son voyage, à bord du *Beagle* (27 décembre 1831-2 octobre 1836) : d'abord la relation apparente entre le tatou actuel et certains restes fossiles découverts par lui-même dans la Pampa, ensuite la façon dont se succèdent sur des aires adjacentes du continent sud-américain des espèces reliées par leurs affinités systématiques, enfin le caractère nettement sud-américain des organismes des îles Galapagos et plus particulièrement les différences d'ordre spécifique affectant les habitants de chacune de ces îles (particulièrement les tortues et les passereaux), différences inattendues vu la similarité des conditions physiques et la proximité des îles de cet archipel (1).

Trente ans auparavant, il mentionnait déjà ces observations comme liées aux débuts de sa recherche (2) et l'introduction de l'*Origine des espèces* commence par une brève récapitulation de celles-ci (3).

A ne s'en tenir qu'à son *Autobiographie*, Darwin aurait acquis la conviction que les espèces sont généalogiquement liées en 1837 ou 1838 (4), la théorie n'ayant cependant été clairement conçue qu'en 1839 (5). Toutefois, dans une lettre à Hooker

(1) Darwin, *Autobiography* (Nora Barlow, édit.), Londres, Collins, 1958, pp. 118-119.

(2) Cf. Lettre à J. D. Hooker, 11 janvier 1844, in *Life and Letters of Charles Darwin*, New York, Appleton, 1899, I, p. 384 ; aussi Lettre à L. Jenyns, 1845 (?), I, p. 394.

(3) *Origin of species. A variorum Text* (M. Peckham, édit.), Philadelphie, University of Pennsylvania Press, 1959, Int. 3. (Pour les références à cet ouvrage, nous utilisons les indications données par Peckham aux pp. 28-31.)

(4) *Autobiography*, p. 130.

(5) *Ibid.*, p. 124.

du 11 janvier 1844, Darwin écrit : « Je suis presque convaincu (contrairement à mon opinion de départ) que les espèces ne sont pas (c'est comme confesser un meurtre) immuables » (1). Mais ce vestige d'indécision est feint, ce n'est qu'une mesure de prudence destinée à ne pas brusquer un correspondant. A cette date, en effet, Darwin a déjà rédigé un premier abrégé de sa théorie, l'*Esquisse de 1842* et s'apprête à en écrire une version plus développée au sujet de laquelle il prendra des dispositions visant à la faire publier par ses amis en cas de décès (2).

Ces textes invitent donc à penser que l'abandon de la conception fixiste a dû se produire au cours de la circumnavigation, bien que ce ne soit nulle part explicitement affirmé. Ils indiquent aussi que vers 1838-1839 Darwin disposait enfin d'une théorie de rechange.

Mais une lettre de Darwin va directement à l'encontre de cette lecture. En 1877, il écrit en effet à Otto Zacharias : « A bord du *Beagle*, je croyais à la fixité des espèces, mais, pour autant que je me souvienne, de vagues doutes traversaient parfois mon esprit. Lors de mon retour, à l'automne 1836, je commençai immédiatement la préparation de mon journal en vue de sa publication et je vis alors combien de faits indiquaient la descendance commune des espèces, de telle sorte qu'en juillet 1837, j'ouvris un carnet pour prendre note de tous les faits pouvant se rapporter à la question ; mais je ne fus pas convaincu de la mutabilité des espèces avant, je crois, que deux ou trois années n'aient passé » (3).

Cette lecture ne contredit pas les textes précédents, mais alors que ceux-ci permettent de penser que l'abandon du fixisme put avoir lieu à bord du *Beagle*, elle oblige à fixer cette date au

(1) *Life and Letters*, I, p. 384. « I am almost convinced (quite contrary to the opinion I started with) that species are not (it is like confessing a murder) immuable. »

(2) Cette seconde version, connue sous le nom d'*Essai de 1844*, fut rédigée de février à septembre 1844 (cf. *Darwin's Journal* (Gavin de Beer, édit.), Londres, *Bulletin of the British Museum (Natural History), Historical Series*, vol. 2, n° 1, 1959, pp. 10-11 ; aussi *Autobiography*, p. 120).

Sur les dispositions prises par Darwin pour la publication de cet essai, cf. Lettre à sa femme, 5 juillet 1844, *Life and Letters*, I, pp. 377-379.

(3) *More Letters of Charles Darwin* (F. Darwin & A. C. Seward, édit.), Londres, Murray, 1903, I, p. 367. « When I was on board the *Beagle* I believed in the permanence of species, but, as far as I can remember, vague doubts occasionally flitted across my mind. On my return home in the autumn of 1836 I immediatly began to prepare my journal for publication, and then saw how many facts indicated the common descent of species, so that in July, 1837, I opened a note-book to record any facts which might bear on the question ; but I did not become convinced that species were mutable until, I think, two or three years has elapsed. »

plus tôt vers la fin de 1836, renvoyant la conviction à 1839-1840 ou 1838-1839, selon que l'on compte les deux ou trois ans à partir de la rédaction du *Journal de voyage* ou à partir de l'ouverture du premier des *Notebooks on Transmutation of species* en juillet 1837.

Depuis Haeckel qui avant la publication de l'*Autobiographie* et de la correspondance n'hésitait pas à affirmer que « l'idée de la théorie générale généalogique germait en Darwin dès le moment où il foula pour la première fois le sol de l'Amérique du Sud » (1), presque aucun historien du darwinisme n'a accepté comme telle la chronologie darwinienne.

Dans sa notice nécrologique lue à la Royal Society en 1888 (2), T. H. Huxley se rapportant aux faits cités dans l'*Autobiographie* de Darwin affirme qu'ils n'ont pu conduire ce dernier à adopter des vues évolutionnistes avant son retour en Angleterre, son insuffisante formation le rendant incapable d'effectuer alors les relations qui allaient déterminer son abandon du fixisme. Avec le concours des spécialistes auxquels il fit appel à son retour pour décrire ses collections, Darwin disposa pour la première fois des éléments requis pour penser ces relations. Et se fondant sur le *Journal* de Darwin qu'il a pu consulter, Huxley donne mars 1837 comme la date à partir de laquelle la transmutation des espèces est acceptée comme « hypothèse provisoire » (3). La lettre à Otto Zacharias, que lui a communiquée F. Darwin, le confirme dans son interprétation.

L'année précédente avait paru le second tome de la *Correspondance* de Darwin contenant un chapitre rédigé par Huxley (4), dans lequel il affirmait qu'un uniformitarisme conséquent implique une évolution aussi bien dans le monde organique que dans le monde inorganique, car l'origine d'une espèce par des causes non naturelles serait une catastrophe encore plus considérable que celles éliminées de la géologie par Lyell (5). C'est de cette thèse — qu'il faudra discuter plus loin — que s'autoriseront de nombreux historiens pour chercher le moment de l'abandon du fixisme par Darwin avant la fin du voyage du *Beagle*.

(1) E. Haeckel, *Histoire de la création des êtres organisés d'après les lois naturelles*, Paris, Reinwald, 1877, p. 117.

(2) T. H. Huxley, *Darwiniana. Essays*, New York, Appleton, 1893, pp. 253-302. Le passage qui intéresse ici se trouve aux pp. 274-275.

(3) *Darwin's Journal*, p. 7 : « In July opened first note-book on « trans- « mutation of species ». Had been greatly struck from about Month of previous March on character of S. American fossils & species of Galapagos Archipelago. These facts origin (especially latter) of all my views. »

(4) *Life and Letters*, I, pp. 533-558.

(5) *Ibid.*, pp. 544 et suiv.

En 1903, Francis Darwin (1) récusa la chronologie de Huxley : elle serait inconciliable avec le passage de l'*Autobiographie* où Darwin affirme avoir été particulièrement impressionné par la faune des Galapagos. Or l'escale aux Galapagos eut lieu en 1835 et contrairement à ce qu'affirme Huxley, aucune détermination précise des formes considérées n'était requise pour que l'on fût impressionné par les espèces caractéristiques des différentes îles. Mais sans doute 1837 marquerait une nouvelle étape dans le développement des idées évolutionnistes de Darwin, par quoi s'explique le passage du *Journal* allégué par Huxley. Quant à la lettre à Zacharias, on ne pourrait en faire état puisqu'elle ne concorde pas avec les *Note books* de 1837 et 1838 dont la lecture montre que dès cette époque leur auteur était convaincu de la justesse de son hypothèse.

En 1909, dans son introduction aux textes jusqu'alors inédits de 1842 et 1844, Francis Darwin reprit la question (2). Le fixisme de Darwin au moment de son départ pour l'Amérique du Sud à la fin de 1831 ne peut être mis en doute, pas plus que ses convictions transformistes dès 1837. Lisant Lyell (3) Darwin aurait perçu dès 1832 que, comme allait le signaler plus tard Huxley, l'évolutionnisme est la suite logique de l'uniformitarisme appliqué à la biologie. Si l'on ajoute à cela les faits mentionnés dans l'*Autobiographie* et dans la *Correspondance*, on peut penser qu'à la fin du voyage il était acquis au transformisme, surtout après l'étape des Galapagos qui a dû le frapper comme un « microcosme d'évolution » (4). En somme, la conception évolutionniste de Darwin n'aurait cessé de se développer depuis la fin de 1832, pour atteindre des étapes décisives en 1835 (Galapagos) et en mars 1837 (5).

L'idée de dater la naissance de la conception darwiniste de novembre 1832 venait du géologue Judd (6), qui attribuait à

(1) *More Letters*, I, pp. 37-38.

(2) C. Darwin et A. R. Wallace, *Evolution by Natural Selection*, Cambridge, University Press, 1958, pp. 23-27. (Ce volume est une réédition de l'ouvrage de 1909 *Foundations of the Origin of species* (F. Darwin, édit.), augmenté d'un avant-propos par Sir Gavin de Beer.)

(3) Darwin possédait au moment de son départ sur le *Beagle* en 1831 le premier volume des *Principles of Geology* (Londres, Murray, 1831) de Lyell. Le second volume parvint à Darwin à Montevideo en novembre 1832 (Londres, Murray, 1832), comme l'indique l'inscription autographe portée sur l'intérieur de la couverture de cet exemplaire conservé à la Bibliothèque Universitaire de Cambridge (ci-après désignée par le sigle B.U.C.).

(4) *Evolution by Natural Selection*, p. 26.

(5) Cf. n. 3, p. 9.

(6) J. W. Judd, Darwin and Geology, in *Darwin and Modern Science* (A. C. Seward, édit.), Cambridge, 1909, pp. 337-384 : cf. p. 353.

la lecture des *Principles of Geology* de Lyell une influence décisive sur la pensée de Darwin en matière d'évolutionnisme et insistait particulièrement sur les découvertes paléontologiques du début du voyage. A la suite des critiques adressées à Huxley par F. Darwin, il se rangea entièrement aux vues de ce dernier (1).

En 1935, Nora Barlow, petite-fille de Darwin, publiait un extrait des *Notebooks* sur l'ornithologie relative au voyage du *Beagle*. Elle datait ce texte de 1835 confirmant ainsi pleinement les vues de F. Darwin, puisque l'extrait se terminait par ces mots de Darwin parlant de la faune des Galapagos : « Si ces remarques sont le moindrement fondées, la zoologie des archipels vaudra d'être étudiée. Car de tels faits saperaient la fixité des espèces » (2). Elle a cru par la suite devoir dater ce passage de 1836, au moment où Darwin de retour vers l'Angleterre revoyait ses notes. Sir Gavin de Beer a accepté cette dernière date (3).

En 1959, Gertrude Himmelfarb attaquait cette datation (4). Pour elle, le cahier de notes sur l'ornithologie n'a été rédigé qu'après le retour en Angleterre et serait contemporain de la préparation de la partie ornithologique de la *Zoologie du voyage du « Beagle »* et daterait donc à peu près de juin 1838 (5).

En 1960 enfin, Sydney Smith n'hésitait pas à écrire que l'étude des *Notebooks* de Darwin, de même que celle des annotations de certains des ouvrages qu'il a lus de 1837 à 1842 montrent qu'il n'a pas été convaincu de la mutabilité des espèces pendant le voyage du *Beagle* et que le moment décisif de l'abandon de la théorie fixiste se situe dans les quelques premiers mois après le retour, au moment de la rédaction du *Journal de voyage*, et sûrement pas plus tard que mars 1837, comme en font foi les annotations évidemment évolutionnistes de Darwin sur la cin-

(1) J. W. Judd, Charles Darwin's earliest doubts concerning the immutability of species, in *Nature*, 1911-1912, 88, pp. 8-12.

(2) N. Barlow, Charles Darwin and the Galapagos Islands, in *Nature*, 1935, 136, p. 391. « If there is the slightest foundation for these remarks the zoology of Archipelagos — will be well worth examining ; for such facts would undermine the stability of species. » Ce texte est reproduit dans N. Barlow, *Charles Darwin and the voyage of the « Beagle »*, Londres, Pilot Press, 1945, pp. 246-247. On le trouve évidemment aussi dans les Ornithological Notes of Charles Darwin, *Bull. of the British Museum (Nat. Hist.), Historical Series*, vol. 2, n° 7, 1963, p. 262, avec une longue discussion pp. 203-207 et pp. 262-263 sur le problème de la datation.

(3) Gavin de Beer, The origin of Darwin's idea on Evolution and Natural Selection, in *Proc. Royal Soc. London*, Series B, 1962, 155, pp. 321-338 ; cf. p. 323.

(4) G. Himmelfarb, *Darwin and the Darwinian Revolution*, New York, Anchor Books, 1962, pp. 463-464, n. 25.

(5) T. III de la *Zoology of the Voyage of H. M. S. Beagle*, rédigé par John Gould, Londres, Smith Elder & Co., 1841.

quième édition des *Principles* de Lyell parus ce mois-là (1). Avec cette dernière version, on en reviendrait donc à la relation même de Darwin, compte tenu de la lettre de 1877 à Zacharias écartée par F. Darwin et les partisans de sa thèse.

Or, sur ce point précis, il faut s'en tenir aux indications de Darwin pour plusieurs raisons, dont l'ensemble est péremptoire.

1) D'abord il existe un texte allant à l'encontre de toute interprétation faisant de Darwin un transformiste avant la fin de 1836 et c'est la lettre de 1877 à Zacharias. L'écarter sous prétexte qu'elle est de quarante ans postérieure aux faits relatés comme fait F. Darwin, serait plus convaincant si l'on ne s'appuyait essentiellement sur le texte de l'*Autobiographie* qui, lui, date de 1876. On ne peut non plus écarter cette lettre parce que Darwin y écrit n'avoir pas été convaincu de l'évolutionnisme avant 1839-1840 — ce qui pourrait aller à l'encontre de textes connus de 1837-1838 ; cet argument, également utilisé par F. Darwin, repose entièrement sur le poids qu'il faut donner au terme « convaincu » et n'est pas probant (2).

2) Il est remarquable que dans la *Correspondance*, dans l'*Autobiographie*, comme dans l'introduction de l'*Origine des espèces*, les mêmes formules, ou des formules très voisines, sont utilisées pour marquer le rapport des vues transformistes de l'auteur à certains faits observés pendant le voyage du *Beagle* (3). A propos de ces passages qui fournissent, par leur insistance sur des phénomènes frappants de la période 1832-1836, leur principal argument aux partisans de l'évolutionnisme précoce de Darwin, G. Himmelfarb remarque ingénieusement que leur aspect stéréotypé est l'indice qu'avec le temps les événements du voyage se fixèrent dans l'esprit de Darwin de plus en plus à la façon d'une formule. Cette monotonie marquerait moins la fidélité de la mémoire que le *pattern* rigide imposé aux événements par la mé-

(1) S. Smith, The origin of the « Origin » as discerned from Charles Darwin's Notebooks and his annotations in the Books he read between 1837 and 1842, in *The advancement of science*, Londres, 1960, 16, pp. 391-402, p. 392.

(2) *More Letters*, I, p. 38.

(3) Par exemple : « When on board H. M. S. *Beagle* (...) I was much struck with certain facts in the distribution of the inhabitants of South America, and in the geological relations of the present and past inhabitants of that continent », in *Origin of Species* (Peckham), Int. 3. « During the voyage of the *Beagle*, I had been deeply impressed, etc. », in *Autobiography*, p. 118. « ... I was so struck with the distribution, etc. », *in* Lettre à Hooker, 11 janvier 1844, *Life and Letters*, I, p. 384.

moire (1). Non pas que ces textes soient faux. Seulement, cela doit mettre en garde qui voudrait en trop tirer.

3) La datation par Nora Barlow du fameux passage du manuscrit ornithologique est sûrement inexacte. Pour elle, celui-ci aurait été commencé pendant le voyage, en 1834, et terminé avant mars 1837 puisqu'alors Darwin en aurait eu besoin pour rédiger son *Journal de voyage*. Le passage en question daterait de 1836 (2).

D'abord, il n'existe aucune preuve directe que ces notes aient été rédigées au cours du voyage, ni même avant 1837.

Pour conclure qu'elles ont été rédigées au cours du voyage, cet auteur s'appuie sur ce que : 1) Darwin en aurait eu besoin en mars 1837 ; 2) le temps lui aurait manqué pour les rédiger entre son retour en Angleterre et cette date.

En fait, il est peu vraisemblable que Darwin ait entrepris en 1836 un tel catalogue spécialement consacré aux spécimens ornithologiques : il ne l'a pas fait pour d'autres classes de spécimens qui lui tenaient plus à cœur à cette époque où il ne rêvait que de géologie et n'envisageait pas d'écrire d'autres ouvrages que géologiques. D'ailleurs, on ne trouve dans le *Diary* aucune mention d'un tel travail.

De plus, Darwin n'avait en fait aucun besoin de ces notes pour rédiger son *Journal de voyage*, puisqu'il disposait des notes prises sur le terrain, notes dans lesquelles on chercherait d'ailleurs en vain l'indication d'une pensée transformiste (3). Dès lors, Darwin a très bien pu rédiger ce manuscrit après mars 1837, au moment où l'exigeait la préparation de la partie ornithologique de la *Zoologie du voyage du « Beagle »*. On sait par son *Journal* (4) que Darwin exécuta ce travail en avril et en juin 1838. Le manus-

(1) G. Himmelfarb, *Darwin*, etc., p. 462, n. 18.

(2) *Darwin's Ornithological Notes*, pp. 205-206. Ce cahier consulté à la B.U.C. n'est pas un des carnets de notes utilisés pendant le voyage de Darwin. Il est constitué de feuilles in-folio non reliées et paginées de façon continue. Chaque entrée correspond à un spécimen dont une description est donnée. Les numéros des spécimens ne se suivent pas toujours, sont quelquefois inversés, et ne suivent pas toujours l'ordre chronologique des prises (ainsi, p. 42, n° 3297 et p. 52, n° 2004). Ces notes sont une transcription augmentée des notes prises pendant le voyage sur tous les spécimens capturés (ce qui explique les lacunes de la numérotation). Cf. B.U.C., Ms. 29 *i*, 30 *i*, 30 *ii*, 31 *i*, 31 *ii*. (Nous donnons les cotes des manuscrits d'après le *Handlist of Darwin papers at the University Library, Cambridge*, Cambridge, 1960.) Sur ce point donc nous nous rangeons à l'avis de G. Himmelfarb.

(3) Ms. ci-dessus mentionné.

(4) *Darwin's Journal*, p. 8.

crit ornithologique a dû être copié à ce moment (1) et serait donc contemporain des *Notebooks on Transmutation of species.*

4) Il n'est pas possible d'attribuer à la lecture des *Principles* de Lyell une impulsion déterminante pour les vues transformistes de Darwin pendant son voyage. Les volumes de la première édition de cet ouvrage (2) lus à bord du *Beagle* ne portent à peu près que des annotations sur des points de géologie. On ne trouve aucune note pour toute la très longue partie consacrée à la critique de Lamarck et à l'examen des opinions sur l'espèce. Les seuls passages relatifs à la zoologie soulignés par Darwin ont trait à des particularités stratigraphiques. On trouve de plus des notes sur les récifs de corail (3), et la distribution des forêts américaines, ce dernier phénomène ne pouvant avoir de sens évolutionniste à ce stade de la pensée de Darwin.

Donc, même en admettant l'affirmation de Huxley selon lequel un uniformitarisme conséquent implique un évolutionnisme biologique, il est impossible de dire que l'uniformitarisme de Lyell ait produit cette généralisation chez Darwin.

Plus, cette idée de Huxley qui n'a pas été dans son principe contestée avant les récents travaux de Hooykaas (4), et qui suppose, trait assez gênant, que Lyell a été inconséquent dans l'usage de son principe puisqu'il a consacré près du tiers de son travail à réfuter le transformisme, ne résiste pas à l'analyse historique.

Ce n'est pas par inadvertance que Lyell s'oppose à Lamarck et à toute forme de transformisme dans ses *Principles.* C'est bien plutôt une exigence de sa compréhension du principe uniformitariste. Pour Lyell, non seulement les forces agissantes dans la transformation du monde physique sont les mêmes depuis toujours (actualisme), mais de plus elles agissent toujours avec la même intensité et au même rythme (uniformitarisme). Ainsi s'il s'oppose à la géologie des catastrophes, il s'oppose de même non seulement au transformisme, mais encore au progression-

(1) La première page de ce manuscrit et deux lignes du verso sont de la main de Syms Covington, secrétaire et homme à tout faire de Darwin au cours du voyage et jusqu'en 1839.

(2) Ces ouvrages ont été consultés à la B.U.C.

(3) Darwin allait d'ailleurs traiter cette dernière question en géologue dans *The Structure and Distribution of Coral Reefs*, à l'origine première partie de *The Geology of the Voyage of the « Beagle »*, 1842.

(4) R. Hooykaas, *Natural law and divine miracle. The principle of uniformity in geology, biology and theology*, Leiden, Brill, 2e impression, 1963. Cf. aussi, du même auteur, Geological uniformitarianism and evolution, in *Arch. Int. Hist. des Sc.*, janv.-juin 1966, pp. 3-19.

nisme alors populaire en Angleterre, et que paraissaient confirmer les travaux paléontologiques. Car dans la perspective de Lyell, l'uniformitarisme est inconciliable avec l'apparition de toute nouveauté réelle sur le globe, et s'il admet l'extinction d'espèces par des modifications de leur environnement physique, de même qu'il concède que les espèces actuelles n'ont pas toujours toutes existé, il soutient néanmoins que les espèces éteintes ont été remplacées par de nouvelles espèces présentant le même niveau d'organisation. Ainsi le monde organique, non plus que le monde physique, n'ont connu de changements essentiels. Pour Lyell l'extinction des espèces est un processus purement naturel, mais l'apparition des espèces de substitution est un processus dont il semble qu'il dépasse nos capacités de connaissance (1). Chez Lyell comme chez son prédécesseur Hutton, le monde étudié par la géologie et l'histoire naturelle est un monde sans commencement et sans fin, un monde sans *histoire*, livré à la répétition (2), et dans une certaine mesure, cyclique (3).

Darwin n'a pu lire Lyell avec les yeux « informés » des historiens qui cherchent partout les « causes » de la pensée de Darwin, c'est-à-dire qu'il l'a bien lu. Et si, plus tard, devenu transformiste, il a pu donner de Lyell une interprétation cadrant

(1) Whewell, dans un compte rendu qui allait d'ailleurs jouer un rôle de premier plan dans la controverse qui sévit entre uniformitaristes et catastrophistes en Angleterre au cours des années 1830, ne manqua pas de relever cette faiblesse de la position de Lyell. Elle semblait conduire à admettre dans ce cas au moins l'intervention directe du pouvoir divin dans la nature, c'est-à-dire une perturbation des lois de la nature, un miracle, ce qui va à l'encontre des principes mêmes de l'uniformitarisme. Cf. Lyell's Principles of Geology, in *British Critic*, 3e série, IX, 1831, pp. 194 et suiv.

(2) Cf. J. Playfair, *Illustrations of the Huttonian Theory of the Earth*, New York, Dover, 1964 (réimpression fac-similé de l'édition de 1802), p. 119 : « How often these viscissitudes of decay and renovation have been repeated, is not for us to determine : they constitute a series, of which, as the author of this theory has remarked, we neither see the beginning nor the end ; a circumstance that accords well with what is known concerning other parts of the economy of the world. In the continuation of the different species of animals and vegetables that inhabit the earth, we discern neither a beginning nor an end ; and, in the planetary motions, where geometry has carried the eye so far both into the future and the past, we discover no mark, either of the commencement or the termination of the present order. It is unreasonable, indeed, to suppose, that such marks should any where exist. The Author of nature has not given laws to the universe, which, like the institutions of men, carry in themselves the elements of their own destruction. He has not permitted, in his works, any symptom of infancy or of old age, or any sign by which we may estimate either their future or their past duration. » Sur l'acceptation des positions de Hutton par Lyell, cf. *Principes de Géologie*, trad. Meulien, Paris, Langlois & Leclercq, 1843, I, pp. 148, 153.

(3) Sur la tentation du retour éternel chez Lyell, cf. *ibid.*, I, pp. 292, 404-405.

avec une histoire du monde organique, ce n'est pas chez ce dernier, au demeurant si difficile à convaincre dans les années 1860, qu'il eût pu trouver les linéaments de sa pensée.

5) Le fixisme de Darwin au cours de tout le voyage s'accorde avec le fait qu'il se préoccupait alors bien davantage de géologie que d'histoire naturelle (1). Ses annotations de Lyell se bornent à peu près à la géologie, et ce sont encore ses notes de géologie qui occupent plus de la moitié de ses carnets de voyage. Par ailleurs, aucun des passages de son *Diary* relatifs à ses découvertes d'ossements fossiles ne donne à penser qu'il les relie à des préoccupations transformistes (2). Au sujet des restes d'un *Megatherium*, il écrit que cela l'intéresse beaucoup comme lien entre la géologie de diverses parties des Pampas (3). En août 1834, comme Owen s'inquiète de ne pas trouver la tête d'un *Megatherium* dont Darwin a envoyé les restes à Henslow, il répond encore que le seul intérêt qu'il porte à ces pièces concerne leur relation à la géologie des Pampas (4). Manifestement ses intérêts sont alors d'ordre stratigraphique et nullement ceux d'un paléontologiste évolutionniste (5). Ainsi, lorsqu'il trouve des fossiles appartenant aux plus vieilles formations géologiques, il se contente d'écrire que cela comble un vœu longtemps formulé en géologie : pouvoir effectuer la comparaison « d'animaux d'époques également reculées en différentes stations du globe » (6). Enfin, Huxley a remarqué avec raison que la formation de zoologiste de Darwin était encore très déficiente à l'époque de son voyage (7), ce que reconnut lui-même ce dernier, écrivant qu'une grande partie de ses notes de zoologie se révélèrent sans utilité par suite de son manque de savoir anatomique (8).

A l'époque du voyage, Darwin est avant tout un géologue,

(1) C'est un point qu'a très bien su faire ressortir G. Himmelfarb, dans son *Darwin*, etc., chap. 5.

(2) Notamment, pp. 102-103, 105-106, 196.

(3) Lettre à Caroline Darwin, 20 septembre 1833, in *Charles Darwin and the Voyage*, p. 91.

(4) *Ibid.*, Lettre à la même, 9 août 1834, p. 105.

(5) C'est d'ailleurs R. Owen qui fera l'étude de ces fossiles décrits au premier tome de la *Zoology* relative au voyage du *Beagle*, son exposé étant précédé d'une introduction géologique dont Darwin est l'auteur (1840).

(6) Lettre à Caroline Darwin, mars 1833, p. 82 ; aussi, lettre à Catherine Darwin, mai-juillet 1833, p. 85 ; in *Charles Darwin and the Voyage...*

(7) Huxley, *Darwiniana*, pp. 274-275.

(8) *Autobiography*, pp. 77-78. Aussi dans une lettre à Henslow (mars 1834) Darwin parle de son « entière ignorance de l'anatomie comparée ». Cf. Darwin and Henslow, *The Growth of an Idea. Letters 1831-1860*, Londres (N. Barlow, édit.), Bentham-Moxon, 1967, p. 83.

et qui plus est, un des premiers disciples de Lyell. Rien à ce moment ne pouvait le pousser à donner un sens évolutionniste à ses observations.

6) La loi dite de la « succession des types » passe souvent pour avoir été découverte par Darwin au cours de son séjour en Amérique du Sud, et l'on relie évidemment cette loi à des vues évolutionnistes de celui-ci (1). Si cela était vrai, il faudrait supposer qu'au cours du voyage il ait inféré une loi à partir d'un seul cas, ce qui n'est pas vraisemblable. Les seuls restes fossiles dont Darwin put établir la similarité avec une espèce encore existante sont ceux du *Glyptodon* qu'il rapportait au tatou (2). Dans l'*Origine des espèces* (3), la première formulation de cette loi est attribuée à William Clift qui montra en 1831 le lien entre les mammifères fossiles des grottes australiennes et les marsupiaux actuellement vivants de ce continent (4). En 1837, c'est à E. W. Brayley qu'il attribuait cette première formulation, de 1831 également (5). En 1849, Owen réclamait à tort la prio-

(1) *V.g.*, J. W. Judd, *Darwin and Geology*, p. 352 : « He fully recognized, *while in South America*, the wonderful significance of the resemblances between the extinct and recent mammalian faunas. » Cf. aussi Gavin de Beer, *The origins of Darwin's idea...*, p. 327, et *Charles Darwin*, Londres, Nelson, 1963, p. 79.

(2) *More Letters*, I, pp. 11-12. Dans le *Journal of Researches*, 1839, p. 208, Darwin attribue à Owen l'idée d'une similarité entre certains fossiles et le lama actuel. De même pour le *Toxodon* et le *Ctenomys* (p. 209). D'ailleurs, l'examen des planches de la première partie de la *Zoology* suffit à concevoir combien de tels fragments d'ossements devaient être difficiles à identifier pour tout autre qu'un paléontologiste accompli. Romer dans son article, Darwin and the Fossil Record, in *A Century of Darwin* (S. A. Barnett, édit.), Londres, Mercury Books, 1962, pp. 131-152, rapporte à la p. 136 qu'un fossile mis à jour par Darwin à la fin de 1832 fut provisoirement relié par lui aux Rhinocéros bien qu'il appartînt comme il le sut plus tard au groupe éteint des grands paresseux.

Quant au rapport établi par Darwin entre le *Glyptodon* et le tatou actuel, Loren Eiseley (*Darwin's Century*, Londres, Gollancz, 1959, pp. 161-162, n. 23) a attiré l'attention sur la même découverte faite soixante ans plus tôt par Thomas Falkner (*Description of Patagonia and the adjoining parts of South America*, 1774, p. 55). Pourtant Falkner n'était rien moins que transformiste.

(3) *Origin of Species* (Darlington), p. 287.

(4) Report of Mr Clift, of the College of Surgeons, London, in regard to the fossil Bones found in the Caves and Bone-Breccia of New-Holland, in *The Edinburgh New Philosophical Journal*, 1831, X, pp. 394-396. On peut conclure, écrit Clift, « that New Holland was, at a former period, distinguished from the other parts of the world, by the same peculiarities in the organization of its animals, which so strikingly characterize it at the present day ».

(5) C. Darwin, A sketch of the deposits containing extinct Mammalia in the Neighbourhood of La Plata, in *Proc. of the Geol. Soc. London* (1837), 1838, 2, pp. 542-544. Le texte de E. W. Brayley avait paru dans le *Philosophical Magazine*, 1831, 9, p. 418.

rité à propos de cette loi (1). Or ni Brayley, ni Clift, ni Owen n'étaient transformistes, ce qui suffit à montrer qu'elle pouvait avoir tout son sens dans un cadre fixiste. Darwin l'eût-il formulée qu'il eût pu continuer à se considérer comme un disciple fidèle de Lyell. Mais ce n'est qu'après son retour en Angleterre, au moment de la rédaction du *Journal de voyage*, que Darwin a pour lui-même formulé cette loi, l'intégrant alors dans un contexte transformiste (2).

7) Par une illusion rétrospective de même ordre que les précédentes, on prête à ses observations d'alors sur la distribution géographique des organismes une signification évolutionniste. Sans doute, de telles considérations ont joué un rôle majeur et décisif dans la formation de l'évolutionnisme darwinien, mais en 1837. On ne trouve nulle part dans les écrits antérieurs à cette date, une réflexion associant une question de distribution géographique à un énoncé de caractère transformiste.

En 1835, des « anomalies » de la distribution géographique étaient depuis longtemps connues et discutées en rapport avec le problème des migrations de groupes zoologiques. Cette question avait souvent été liée à des discussions sur des problèmes de classification et de nomenclature. Mais cela ne suffisait pas plus à faire éclater la conception fixiste, que les difficultés rencontrées par les néo-darwiniens au cours de ce siècle ne les ont découragés dans leur entreprise. Une pensée fixiste extrêmement cohérente, comme celle de Louis Agassiz, qui nous paraît aujourd'hui un chapitre de la tératologie de la connaissance, réussissait avec beaucoup de souplesse à s'accommoder de tels phénomènes.

Notons par ailleurs que Lyell dans ses *Principles* attache une grande importance à la distribution géographique des organismes, mais que l'exemplaire de Darwin (3) ne porte pas trace d'intérêt pour ces questions.

Quant aux îles Galapagos qui devaient avoir provoqué tant d'émoi chez Darwin selon ses historiens, il est notable qu'il manifesta beaucoup d'intérêt pour sa faune si curieuse. Il écrit

(1) R. OWEN, *On the Nature of Limbs*, Londres, Van Voorst, 1849.
(2) Lettre à Lyell, le 27 décembre 1859, *More Letters*, I, p. 133. Il semble selon cette lettre que Darwin a lui-même formulé cette loi avant d'avoir pris connaissance du mémoire de Clift mentionné au troisième tome de l'édition de 1833 des *Principles* de LYELL. Publié en 1839, le *Journal of Researches* était cependant entièrement rédigé depuis septembre 1837. La formulation de la loi de succession se trouve dans la première partie du volume et pourrait donc être antérieure d'assez longtemps à la communication de mai 1837 à la Geological Society (cf. n. 5, p. 17).
(3) Consulté à la B.U.C.

dans l'un de ses carnets reconnaître assurément l'Amérique du Sud pour ce qui est de l'ornithologie (1) mais, dans son *Diary* s'il indique son intérêt pour les lézards, les tortues et les oiseaux de ces îles, il devait néanmoins reconnaître plus tard que sa collection des espèces de l'Archipel ne tient pas toujours compte de la provenance des spécimens, ce qui eût été une bien curieuse pratique s'il avait su dès lors établir tout le jeu de relations qui plus tard aura tant d'importance (2).

Au total, il semble donc que toute l'argumentation de mise depuis Francis Darwin chez bon nombre d'historiens du darwinisme ne soit qu'une reconstruction fautive, attribuable à la projection d' « intentions » transformistes sur des textes qui, à l'époque de leur rédaction, n'impliquaient aucune contestation du fixisme.

Nous pouvons, sans crainte de nous tromper, affirmer que l'abandon du fixisme est chez Darwin postérieur à la fin de 1836.

S'il est en histoire des sciences des dates qu'il importe peu de fixer (comme si Darwin est né en février ou en mars 1809, question futile à moins que l'historien ne se double d'un astrologue), il n'en va pas de même pour celle de l'abandon du fixisme par Darwin. Préciser cette date, ce n'est ici ni vaine précision érudite, ni tentative de fonder un droit à une quelconque priorité, attendu que sur cette voie il avait déjà des prédécesseurs. Comme par ailleurs ce n'est pas la biographie du savant qui intéresse ici — entreprise qui relève d'ailleurs plus de l'histoire générale que de l'histoire des sciences — il ne s'agit pas non plus de marquer une étape du développement intellectuel de Darwin. Ce qui justifie cette précision c'est qu'elle permet d'ordonner les questions à poser aux textes darwiniens.

C'est faute de s'interroger sur cet ordre que l'historiographie darwinienne a été le plus souvent incapable de décrire avec précision la constitution de la conception darwinienne, grave méprise du point de vue épistémologique puisqu'elle occulte la mise en place des articulations qui ont rendu possible cette conception. Un présupposé épistémologique fondait cette méprise en interdisant précisément qu'on questionnât sur cet ordre des questions à poser aux textes : le préjugé empiriste.

Francis Darwin citant le passage de l'*Autobiographie* de son père qui énonce les faits principaux dont allait rendre compte

(1) *Charles Darwin and the voyage...*, p. 247 (septembre 1835).
(2) *Journal of Researches*, Londres, Ward, Lock & Co., s. d., p. 375. Sur ce point, cf. G. Himmelfarb, *Darwin*, etc., pp. 114 et suiv.

sa théorie, prouvant ainsi sa supériorité sur le fixisme, pose ensuite cette question qui renferme déjà la réponse (fausse) à un problème qui est tu : « Nous devons nous demander : quand l'une de ces influences a-t-elle produit un effet sur l'esprit de Darwin ? » (1). Procédant ainsi, c'est la principale règle d'une certaine historiographie qu'il énonce : chercher des influences produisant un effet sur l'esprit d'un auteur. Dans cette conception selon laquelle le mouvement du savoir s'explique par des causalités quasi transitives, l'influence est ce qui produit un effet ; ici, des faits observés par Darwin au cours de son voyage, et plus tard intégrés dans la charpente démonstrative de l'œuvre, ont *dû* produire un effet : la prise de position transformiste de Darwin (2). Dès lors l'histoire du darwinisme doit se lire selon la chronologie astronomique, Darwin devient progressivement évolutionniste de 1832 à 1837 et il poursuit ensuite jusqu'à 1859 l'élaboration de sa synthèse.

Or ce qu'il faut chercher, ce n'est pas à rassembler les éléments dont la somme « égalerait » une prise de position transformiste, mais à situer le lieu où pour la première fois s'effectue cette mise en relations d'éléments jusque-là disparates et qui leur est forcément extérieure.

Mis à part Gertrude Himmelfarb qui a remarqué, sans pousser plus avant, qu'il y a un hiatus entre l'*Origine des espèces* et la circumnavigation de Darwin (3), c'est dans des termes analogues à ceux de Francis Darwin que l'historiographie darwinienne a abordé le problème de la construction du darwinisme. Alors, le développement du darwinisme est continu, de la lecture de Lyell à 1859.

Mais parce que cette forme de dépistage des « causalités » est vaine, ce qu'il convient de bien marquer c'est que les textes doivent se lire à partir d'un commencement qui est *déjà* la formulation d'une position transformiste. Alors les éléments antérieurs peuvent être assumés et prendre un sens transformiste dont ils ne sont porteurs ni solitairement ni additionnés l'un à l'autre (4).

(1) *Evol. by nat. sel.*, Introduction, p. 24. C'est nous qui soulignons. « Again we have to ask : how soon any of these influences produce an effect on Darwin's mind ? »

(2) Sur ce problème de l'influence en histoire des idées, cf. A. Koyré, *Du Monde clos à l'Univers infini*, Paris, Presses Universitaires de France, 1962, p. 8. L'influence y est décrite comme une relation complexe dans laquelle l'effet est cause de la cause.

(3) G. Himmelfarb, *Darwin and the Darwinian Revolution*, p. 123.

(4) Si ces « éléments » ne sont pas la « cause » du transformisme de Darwin, il resterait à expliquer l'apparition de celui-ci. Ce n'est pas notre propos dans cette thèse. De même que Darwin se donne les variations requises

Notre commencement est là.

Darwin transformiste, il lui reste à comprendre comment il peut l'être, c'est-à-dire par quelles voies il s'expliquera à lui-même l'apparition d'espèces nouvelles et leur transformation. Pour explorer ces voies, le départ marqué, il faut fixer un premier point d'arrivée, qui s'impose dans les textes eux-mêmes : l'*Esquisse de 1842*. S'il faut comprendre comment de 1837 à 1842 s'organise la théorie darwinienne, il importe maintenant, réservant au second chapitre une progression selon la chronologie, d'éclaircir le sens et l'usage du concept de *sélection naturelle* dans le premier exposé systématique qui en ait été donné.

2. *Le concept de sélection naturelle dans l'*Esquisse de 1842

Le texte de 1842 importe non seulement parce que s'y trouvent pour la première fois rassemblés les principaux éléments de la théorie dite darwinienne, mais parce que là apparaît aussi pour la première fois dans les écrits de Darwin l'expression *natural selection* (1).

Ce court ouvrage n'est pas un procès-verbal des recherches effectuées ; il s'agit déjà d'un ouvrage composé dans lequel le plan, qui préfigure celui de l'*Origine des espèces*, distribue les matières selon un ordre visiblement didactique. L'ordre d'exposition ne reproduit pas celui de la recherche ; il vise la démonstration, la persuasion.

Sans doute, même en regard du précaire achèvement de la première édition de l'*Origine des espèces*, tout n'est pas encore en place ; des éléments de la solution totale manquent encore, des questions restent, dans le texte même, sans réponse et certaines réponses connaîtront plusieurs variantes dans les trente ans qui suivront. Mais il suffit ici, pour l'instant, que le « noyau » de la théorie soit en position, même si toutes les potentialités du concept de sélection naturelle ne sont pas encore exploitées.

En 1842, comme en 1859, le concept de sélection naturelle est introduit par une analyse sommaire des procédés de sélection

pour donner lieu à l'efficace de la sélection naturelle, il nous suffit que Darwin, à un moment précis, se donne comme transformiste pour que, de là, nous commencions l'enquête qui nous occupe. Qu'il suffise de dire ici, qu'un tel événement nous paraît se prêter à une analyse du type de celle dont nous dégageons les premiers linéaments dans notre conclusion.

(1) In *Evolution by natural selection*, p. 46. L'expression exacte utilisée par Darwin est « natural means of selection ».

communs aux éléveurs et aux horticulteurs. L'expression de sélection *artificielle* n'y apparaît pas encore. Darwin se contente de parler de sélection *humaine*. Cette sélection implique trois « moments » dont le premier, l'apparition des variations, échappe à la volonté des sélectionneurs bien que, pense Darwin, l'état de domestication ou de culture favorise et multiplie leur apparition (1). Ces variations données, le travail du sélectionneur consiste à distinguer les traits dont on souhaite la perpétuation — et à la longue l'accroissement — et à en isoler les porteurs, de telle sorte que, par croisements, elles ne soient oblitérées (2).

A l'état de nature, les organismes varient probablement moins qu'en domestication (3), mais de très longues durées étant à la disposition de la nature, il est vraisemblable qu'apparaîtront toutes les variations requises pour donner lieu à des transformations complètes d'espèces. Toute la question est de comprendre comment ces variations peuvent être accumulées. Dès l'abord sont écartées les tentatives pour expliquer cette accumulation transformatrice des espèces par le jeu du hasard, du climat ou plus généralement des conditions extérieures. De telles explications sont insuffisantes pour rendre compte des adaptations et des coadaptations si délicates, familières aux naturalistes (4). La solution passe par un rapprochement avec les procédés artificiels de sélection : il faut qu'existent dans la nature des moyens de sélection, de variations et d'isolement des variants sélectionnés. Curieusement, dans l'*Esquisse de 1842* comme dans l'*Essai de 1844*, le passage de la sélection humaine à la sélection naturelle est introduit par une métaphore démiurgique (5) : « ... Si un être infiniment plus perspicace que l'homme (non pas un créateur omniscient) devait sélectionner durant des milliers et des milliers d'années toutes les variations qui tendent à certaines fins, par exemple s'il prévoyait qu'il

(1) *Ibid.*, pp. 41, 53.

(2) Nous aurons l'occasion de revenir plus longuement sur cette question au chapitre IV, § 1. La conception de Darwin repose ici sur l'idée, qu'il partage avec la plupart de ses contemporains, que les caractères héréditaires se transmettent par un mélange des caractères parentaux (hérédité par fusion des caractères). Ainsi des organismes ayant toute liberté pour s'accoupler tendent à conserver le type de l'espèce, tout écart par rapport à la norme étant effacé en peu de générations, surtout si les populations sont considérables.

(3) *Evolution by natural selection, v.g.*, p. 43.

(4) *Ibid.*, p. 45.

(5) Nous aurons à revenir sur cette métaphore au chapitre IV. Notons seulement qu'elle se retrouve dans l'*Essai de 1844* (in *Evolution by natural selection*, p. 114), mais non dans l'*Origin of species* où le passage s'effectue immédiatement de l'homme à la nature.

vaudrait mieux pour un animal canin, vu que la région produit plus de lièvres, avoir de plus longues jambes et une vue plus perçante, le lévrier serait produit. Qui, voyant ce que l'homme aveugle et frivole a fait en quelques années avec les plantes qui varient dans les jardins, niera ce que pourrait effectuer (si le Créateur le veut) un être qui a l'œil à tout, soit par sa propre prévoyance ou par des moyens intermédiaires qui représenteront le Créateur de cet univers. — Il semble que ce soit par des moyens intermédiaires » (1). Partant de ce qu'il considère comme un fait avéré, l'existence de variations moins fréquentes à l'état de nature qu'en conditions artificielles, Darwin par métaphore fait imaginer à son lecteur une situation dans laquelle certaines conditions étant rassemblées, une conséquence en découle de toute nécessité. Ces conditions, ce sont : une sélection s'exerçant sur les organismes sauvages au cours de durées infiniment supérieures à celles dont l'homme a disposé pour modifier de façon néanmoins considérable certaines plantes et de nombreux animaux ; une sélection n'opérant pas seulement sur des variations accessibles à l'œil de l'horticulteur ou de l'éleveur, mais portant aussi, vu la perspicacité du démiurge, sur les variations internes et tout le système des corrélations organiques ; une parfaite continuité dans la sélection, une attention sans défaut pendant des millénaires, au lieu que la sélection humaine est inconstante et sporadique. De plus, au lieu de sélectionner en vue de la satisfaction de caprices humains, le démiurge ne viserait que l'amélioration des organismes, parvenant ainsi à des modifications spécifiques plus marquées encore que celles obtenues par la très imparfaite sélection humaine, modifications qui pourtant interdisent souvent la distinction nette entre les espèces et les variétés.

Un tel résultat n'étant possible que si se trouvent réunies toutes les conditions dont le démiurge permet l'unité d'opération, l'étape suivante de l'argumentation de Darwin consiste précisément à montrer que tel est bien le cas à l'état de nature, même si cette unité ne peut se comprendre sur le modèle de l'unité

(1) *Evolution by natural selection*, pp. 45-46. « ... If a being infinitely more sagacious than man (not an omniscient creator) during thousands and thousands of years were to select all the variations which tended towards certain ends, for instance, if he foresaw a canine animal would be better off, owing to the country producing more hares, if he were longer legged and keener sight greyhound produced. (...) Who, seeing how plants vary in garden, what blind foolish man has done in a few years, will deny an all-seeing being in thousands of years would effect (if the Creator chose to do so), either by his own direct foresight or by intermediate means — which will represent the Creator of this universe. Seems usual means. »

d'intention du démiurge. En somme le propos de la métaphore est double :

1° montrer comment à une échelle autre qu'humaine tel résultat peut être obtenu par une parfaite coordination de certaines conditions, pour ensuite :

2° prouver, par des observations du ressort de l'histoire naturelle, que ces conditions sont effectivement rassemblées pour les organismes sauvages (1).

C'est évidemment la sélection naturelle, dont le concept sert à en penser l'unité d'opération, qui réunit ces conditions à l'état de nature.

Les « moyens naturels de sélection » reposent sur la guerre interne à la nature vivante, dont de Candolle l'aîné et Malthus ont parlé, ce dernier particulièrement, soulignant comment le taux de reproduction des vivants correspondrait, si les populations animales pouvaient se développer sans contrainte, à des progressions géométriques. Dans de telles conditions, depuis que la Terre est peuplée, toute région est occupée à sa pleine capacité (2) et l'apparition de tout individu nouveau doit engendrer une lutte pour la possession des subsistances. Dans cette lutte, toute variation favorable doit en principe conduire celui qui en est porteur à triompher sur des compétiteurs moins bien armés pour la survie, et donc l'amener à se reproduire à leur détriment, transmettant les caractères qui le favorisent à sa progéniture. A la longue, toute population étant limitée, seuls les organismes favorisés par des variations de ce type doivent pouvoir subsister.

Du seul fait que chaque organisme, en principe, donne naissance à plusieurs autres, une lutte constante sévit, c'est-à-dire un mécanisme de sélection qui ne se relâche jamais (3). Et comme les modifications qui doivent privilégier ou défavoriser un organisme sont aussi bien internes qu'externes, cette sélection est incomparablement plus rigoureuse et efficace que la sélection humaine.

Outre cette sélection par la mort, il existe chez les animaux bisexués, entre les mâles de même espèce, une lutte pour la possession des femelles, lutte de forme guerrière ou « esthétique », les gagnants pouvant seuls s'accoupler et transmettre à des

(1) Ce second volet de l'argumentation ne nous intéresse pas ici.
(2) *Evolution by natural selection*, p. 46.
(3) *Ibid.*, p. 48.

descendants les traits qui ont assuré leur victoire, modifiant ainsi leur espèce au cours des millénaires. Ne concernant que les variations touchant aux caractères sexuels, cette dernière forme opère de plus avec une rigueur beaucoup moindre que la sélection naturelle (1).

Les voies d'exercice de la sélection naturelle sont multiples. La compétition existe sous la forme interspécifique, mais elle est bien plus sévère encore entre les individus et les variétés d'une même espèce. La lutte pour l'existence est d'abord déterminée par les rapports entre organismes, mais les modifications de l'environnement physique, en transformant les exigences adaptatives, entraînent nécessairement un processus de rééquilibration qui s'effectue par le jeu de la sélection naturelle.

Enfin, de même que la production de races nouvelles en domestication exige l'isolement des variants présentant les traits recherchés, la production d'espèces nouvelles requiert elle aussi semblable isolement, faute de quoi les variations favorables seront diluées en peu de générations, toutes les espèces demeurant à la longue fidèles à leur type originel. Or sur ce point, crucial pour la théorie nouvelle de Darwin, l'*Esquisse de 1842* est quasi muette. Darwin se contente d'écrire : « Dans les cas ordinaires, la nature n'a pas permis que la race soit contaminée par un croisement avec une autre race ; et les agriculteurs savent combien il leur est difficile de toujours prévenir cela — car il en résulterait un retour à la forme spécifique » (2). C'est-à-dire que l'isolement est postulé, sans qu'on sache comment ces croisements peuvent être exclus. Ainsi se trouve maintenu le parallèle entre les formes humaine et naturelle de sélection, mais c'est sur ce point, où justement Darwin échoue à clore sa théorie, que vont porter les principales transformations de celle-ci, modifiant profondément la compréhension du fonctionnement et des facteurs de la sélection naturelle.

(1) *Ibid.*, pp. 48-49. L'expression *sexual selection* n'apparaît pas encore dans le texte de 1842.

(2) *Evolution by natural selection*, p. 49. « In ordinary cases *nature has not allowed* her race to be contamined with a cross of another race, and agriculturists know how difficult they find always to prevent this effect — would be trueness. » Les soulignés sont de nous. Cf. sur ce même point, p. 44 : « But is there any means of selecting those offspring which vary in the same manner, crossing them and keeping their offspring separate and thus producing selected races : otherwise as the wild animals freely cross, so must such small heterogeneous varieties be constantly conterbalanced and lost, and a uniformity of character preserved. »

CHAPITRE II

de la distribution géographique des organismes à la sélection naturelle

1. *L'exposé darwinien de la construction de la théorie de l'évolution par sélection naturelle et les documents de contrôle disponibles*

Une fois repérées les dates à l'intérieur desquelles s'inscrit la première élaboration du darwinisme, c'est au recensement des matériaux de celle-ci et à leurs diverses articulations qu'il faut s'attarder.

Grâce au *Journal* de Darwin (1), il est possible de connaître mois par mois les matières de ses recherches et, par les travaux alors publiés, l'organisation progressive des matériaux, les réponses successives aux quelques questions principales qui le retiennent.

De plus, dans son *Autobiographie*, Darwin a laissé un compte rendu de cette période de mise en place de la théorie. Après avoir rappelé les phénomènes de distribution géographique qui l'avaient frappé au cours de son voyage (2), il écrit : « Il était évident que de tels faits comme beaucoup d'autres pouvaient être expliqués en supposant que les espèces se modifient graduellement ; le sujet me hantait. Mais, il était également évident que ni l'action de l'environnement, ni la volonté des organismes (particulièrement dans le cas des plantes) ne pouvaient rendre compte des cas innombrables où ces organismes de toute sorte sont splendidement adaptés à leurs conditions de vie (...). J'ai

(1) *Darwin's Journal*, édit. Sir GAVIN DE BEER.
(2) Cf. ci-dessus chapitre I, début du premier paragraphe.

toujours été frappé par de telles adaptations, et jusqu'à ce qu'elles puissent être expliquées, il me semblait presque inutile d'essayer de prouver de façon indirecte que les espèces ont été modifiées.

« Après mon retour en Angleterre, il m'apparut qu'en suivant l'exemple de Lyell en géologie, et en rassemblant tous les faits qui portent en quelque façon sur les variations des animaux et des plantes en domestication et à l'état de nature, quelque lumière pourrait peut-être être jetée sur toute la question. Je commençai mon premier carnet de notes en juillet 1837. Je travaillai selon les véritables principes de Bacon et, sans aucune théorie, ramassai les faits sur une grande échelle, plus spécialement en ce qui concerne les productions domestiques, par enquêtes imprimées, par des conversations avec des éleveurs et des jardiniers expérimentés, et par de nombreuses lectures (...). Je perçus bientôt que la sélection était la clé de voûte de la réussite de l'homme dans la production de races utiles de plantes et d'animaux. Mais comment la sélection pouvait-elle s'appliquer aux organismes vivants à l'état de nature, cela demeura pour moi un mystère pour quelque temps encore.

« En octobre 1838, c'est-à-dire quinze mois après le début de mon enquête systématique, il arriva que je lus pour me distraire l'ouvrage de Malthus sur la *Population*. Etant bien préparé, à cause d'une longue habitude d'observation des animaux et des plantes, à apprécier la lutte pour l'existence qui sévit partout, cela me frappa tout à coup que, dans ces circonstances, les variations favorables tendraient à être préservées, et les défavorables à être détruites. Le résultat serait la formation de nouvelles espèces » (1).

(1) *Autobiography*, édit. N. Barlow, pp. 118-120 : « It was evident that such facts as these, as well as many others, could be explained on the supposition that species gradually become modified ; and the subject haunted me. But it was equally evident that neither the action of the surrounding conditions, nor the will of the organisms (especially in the case of plants) could account for the innumerable cases in which organisms of every kind are beautifully adapted to their habits of life (...). I had always been much struck by such adaptations, and until these could be explained it seemed to me almost useless to endeavour to prove by indirect evidence that species have been modified.

« After my return to England it appeared to me that by following the example of Lyell in geology, and by collecting all facts which bore in any way on the variations of animals and plants under domestication and nature, some light might perhaps be thrown on the whole subject. My first note-book was opened in July 1837. I worked on true Baconian principles, and without any theory collected facts on a wholesale scale, more especially with respect to domesticated productions, by printed inquiries, by conversation with skilful breeders and gardeners, and by extensive rea-

A s'en tenir à ce récit, Darwin convaincu que toute la difficulté de la conception transformiste réside dans la question des adaptations, aurait très tôt porté son attention sur l'explication possible de celles-ci, plutôt que sur l'accumulation des preuves de l'occurrence des transformations d'espèces. Il aurait rassemblé tous les faits disponibles sur l'apparition des variations et les procédés de domestication, pour percevoir rapidement le rôle essentiel joué par la sélection dans la production des races domestiques, mais sans réussir à découvrir, avant la lecture de Malthus, la nature du procédé analogue dans la nature.

Avec des variations légères, ce schéma a été accepté par tous les historiens du darwinisme.

Pour examiner de plus près cette reconstruction de la première élaboration de la théorie en cause, trois sources principales sont disponibles. D'abord les carnets de notes tenus par Darwin sur le problème des espèces de juillet 1837 à juillet 1839 ; ensuite les ouvrages publiés avant 1842 ; enfin, les ouvrages qu'il lut de 1836 à 1842, lesquels sont fréquemment chargés d'annotations.

A la suite précisément d'une étude des annotations laissées par Darwin aux marges de la 5e édition des *Principles of Geology* de Lyell, Sydney Smith a, dans deux articles (1), soutenu que dès mars 1837 la théorie darwinienne était « intuitivement complète ».

Pour Smith, les autres manuscrits de Darwin montrent à l'évidence que l'abandon du fixisme ne se fit pas à bord du *Beagle*, mais bien, comme nous le pensons, au moment de la rédaction du *Journal de voyage*. Mais dès mars 1837, la théorie aurait été formulée déjà pour l'essentiel, ou tout au moins entre mars et juillet 1837, date d'ouverture du premier carnet de notes sur la transmutation des espèces (2). Les trois hypothèses minimales

ding. (...) I soon perceived that selection was the keystone of man's success in making useful races of animals and plants. But how selection could be applied to organisms living in a state of nature remained for some time a mystery to me.

« In October 1838, that is, fifteen months after I had begun my systematic enquiry, I happened to read for amusement Malthus on *Population*, and being well prepared to appreciate the struggle for existence which everywhere goes on from long-continued observation of the habits of animals and plants, it at once struck me that under these circumstances favourable variations would tend to be preserved, and unfavourable ones to be destroyed. The result of this would be the formation of new species. »

(1) S. Smith, Evolution : two books and some Darwin Marginalia, in *Victorian Studies*, sept. 1959, pp. 109-114 et : The Origin of the « Origin », as discerned from Charles Darwin's Notebooks and his annotations in the Books he read between 1837 and 1842, in *The advancement of science*, Londres, 1960, 16, pp. 391-401. (Malgré ce dernier titre, les seules annotations étudiées sont celles de la 5e édition des *Principles* de Lyell.)

(2) S. Smith, Evolution, etc., p. 112.

pour que l'on puisse parler d'une théorie darwinienne (1° L'occurrence de variations à l'état de nature ; 2° La sélection des variants les plus favorisés dans un habitat particulier ; 3° La préservation des variants intacts pour la transmission héréditaire sans effacement de leurs caractères), auraient dès ce moment été « intuitivement » saisies par Darwin. Non pas que celui-ci l'ait jamais affirmé, mais parce que le choix des points particuliers de ses annotations de cette édition de Lyell ne peut s'expliquer autrement (1). Et en effet, si l'on se reporte à ces textes reproduits ici en appendice pour l'essentiel, il est indubitable que de telles annotations supposent la théorie formée (2).

Toutefois, il faut s'interroger sur la date de ces annotations. La 5e édition des *Principles* de Lyell paraît en mars 1837. A ce moment, Darwin a mis en ordre sa collection. Il travaille surtout à la géologie et depuis janvier rédige son *Journal de voyage*, d'abord lentement, puis s'y occupant entièrement, du 13 mars à la fin de septembre (3). En juillet, il commence le premier de ses carnets sur les espèces (4), après, dit-il, avoir été si impressionné par les faits que l'on sait au mois de mars précédent. Le mois de mars décisif pour la théorie nouvelle coïnciderait donc avec la lecture de Lyell (5). Enfin selon Smith, il faudrait que ces annotations soient antérieures à juillet 1837, puisque le premier *Notebook on Transmutation of species* donne (p. 59) une référence à la page 379 du troisième volume de cette édition des *Principles*. Déjà donc les deux premiers volumes auraient été lus à cette date (6).

On ne peut accepter ces conclusions de S. Smith, car rien n'oblige à penser que les *Marginalia* sont antérieures à juillet 1837. Cette édition des *Principles* a dû être consultée et peut-être même lue plusieurs fois avant que Darwin ne dispose de la 6e édition (7). Consulté comme ouvrage de référence au

(1) S. Smith, *The origin of the Origin, etc.*, p. 398.
(2) On trouvera à l'Appendice A, p. 153, les annotations les plus importantes avec le texte de Lyell correspondant.
(3) *Darwin's Journal*, p. 7.
(4) *Ibid.* Sur la datation de ce court passage, sûrement postérieur à juillet 1837, cf. Introduction de Gavin de Beer, in *Darwin's Notebooks on Transmutation of species*, I, pp. 25-26. Dorénavant, les *Notebooks on Transmutation* seront signalés par le sigle *N.B.T.*
(5) S. Smith, Evolution, etc., p. 113.
(6) S. Smith, *The origin, etc.*, p. 394.
(7) La 6e édition, comme la 5e, se trouve dans la bibliothèque de Darwin conservée à la B.U.C. On sait par le *Ms. 119* (B.U.C.) que Darwin lut cette édition en mars 1841. Il a donc utilisé la 5e édition jusqu'à cette date. (Le *Ms. 119* contient une liste des lectures de Darwin de 1838 au début des années 1850. Nous préparons une édition de ce manuscrit.)

moment de la rédaction du *Journal de voyage*, le livre de Lyell n'a pas nécessairement été l'objet d'une lecture systématique avant l'ouverture du premier *Notebook*. La citation d'un passage du dernier tome ne prouve rien à cet égard (1). D'ailleurs, nous l'avons vérifié, cet ouvrage porte des annotations de plusieurs plumes, ce qui indique de la part de Darwin de multiples lectures (2). Enfin, quand Darwin fixe mars 1837 comme moment crucial pour la naissance de sa théorie, rien n'autorise à penser, hors une coïncidence de dates, que les *Principles* de Lyell eurent à ce moment une importance prédominante. Tout au contraire, la lecture des textes de 1838-1839 montre à l'évidence, on le verra, que Darwin ne pouvait disposer au printemps 1837 des principales formes de sa théorie. D'ailleurs, pour lui, l'existence de sa théorie formée date de 1838 (3). Ces notes marginales doivent donc dater à peu près du dernier trimestre de 1838 (4).

Pourquoi encore cette discussion de datation ? C'est qu'il eût été très embarrassant que la thèse de S. Smith résistât à l'examen : complète avant juillet 1837 (5), la théorie darwinienne laisserait à jamais obscures les étapes de sa formation, car aucun document de nature transformiste n'existe pour la période antérieure à l'ouverture du premier *Notebook*. Il eût fallu alors s'en remettre au récit de Darwin lui-même, et cette ignorance du terrain sur lequel s'est construite la théorie nous aurait interdit la compréhension des nécessités qui, d'après l'état des divers secteurs de l'histoire naturelle de l'époque, allaient permettre chez un auteur la construction du concept de sélection naturelle. Heureusement il n'en est rien et les *Notebooks on Transmutation of species* demeurent le matériel privilégié pour analyser cette trame qui nous intéresse.

(1) Les *Principles* de LYELL sont cités six fois dans les quatre *N.B.T.* : cinq de ces citations renvoient au 3e volume et la dernière au premier volume. Cette dernière référence figure au dernier *N.B.T.* et est donc postérieure à octobre 1838.

(2) Par exemple, pp. 50-51 du 3e volume de cette édition, conservé à la B.U.C.

(3) *Autobiography*, p. 120 : « Here then I had at last got a theory by which to work. »

(4) Le Ms. 119 (B.U.C.) nous indique que seul le tome 3 de la 5e édition a été lu avant octobre 1838, ce qui concorde parfaitement avec les références que l'on trouve dans les *N.B.T.* avant cette date. Il n'est pas fait mention des autres tomes de cette édition dans le Ms. 119 et, dans la liste des ouvrages lus ou à lire rédigée aux dernières pages du *N.B.T.* II (p. 270), seul ce troisième tome est mentionné.

(5) On ne peut, quel que soit le sens que l'on donne à l'expression « intuitivement complète » (S. SMITH, Evolution, etc., p. 398) prétendre qu'avant juillet 1837 Darwin ait pu écrire les *Marginalia* invoquées, ce qui supposerait en effet la théorie déjà telle.

Le *Journal de voyage*, en dehors des quelques éléments déjà mis en valeur par Francis Darwin, ne nous apprend que peu de choses, compte tenu même des comparaisons à faire entre les deux éditions de 1839 et 1845 (1). Même la seconde édition n'est en rien un récit transformiste et Wallace, évolutionniste depuis 1844, lut l'ouvrage de Darwin sans jamais le tenir pour tel, lui qui pourtant n'hésitait pas à l'époque à chercher partout des appuis à ses idées nouvelles. Si toute position transformiste est absente du *Journal de voyage* ce n'est pas pour toutes les raisons ingénieuses qu'ont mises en avant les partisans d'un transformisme précoce de Darwin (2), mais seulement parce que son abandon du fixisme est encore contemporain de la rédaction de la première édition de cet ouvrage, que Darwin n'est nullement en possession d'une solution de rechange. En 1845, pour la seconde édition, il augmentera le récit de détails qu'il ne croit explicables que dans une perspective transformiste, mais sans exprimer celle-ci, car il lui manque encore pour être convaincant la solution d'un problème majeur, demeuré irrésolu en 1842 comme en 1844, celui de la « divergence » (3).

Une compréhension de la mise en place du concept de sélection naturelle ne peut donc reposer que sur l'analyse des *Notebooks* et des annotations des ouvrages de sa bibliothèque lus au cours de la période 1837-1842.

2. *Lamarck, Darwin et la problématique de l'adaptation*

Lorsque Darwin commence la rédaction des *N.B.T.*, il est convaincu de l'occurrence d'une transmutation des espèces. Nulle part dans les quatre cahiers, il n'émet un seul doute sur le sérieux de cette hypothèse.

Près de trente ans plus tôt Lamarck avait bien défendu une hypothèse que Darwin, à un certain niveau, jugeait l'analogue de la sienne. Mais il pourra, sans rien fausser, écrire n'avoir emprunté à Lamarck ni un fait ni une idée (4).

Par Robert Edmund Grant, son ami à l'Université d'Edinburgh, Darwin avait été tôt initié à la pensée lamarckienne sans qu'elle fît sur lui grande impression (5), comme auparavant sans

(1) *Life and Letters*, I, pp. 363 et suiv.
(2) Cf. notamment, N. Barlow, *in* Introduction de *Charles Darwin and the voyage of the « Beagle »*, p. 38.
(3) Sur ce point, voir plus loin, chapitre IV, premier paragraphe.
(4) Lettre à Lyell, 11 octobre 1859, *Life and Letters*, II, p. 10.
(5) *Autobiography*, p. 49.

plus d'effet il avait lu les ouvrages, lamarckiens avant la lettre, de son grand-père Erasme Darwin (1). Néanmoins, c'est de ces deux auteurs qu'il alimentera ses réflexions des premières pages des *N.B.T.* de l'été 1837 (2). Pendant le voyage du *Beagle*, et de nouveau en 1837, il avait d'ailleurs repris contact avec Lamarck par l'entremise des *Principles of Geology* de Lyell. Celui-ci, amené à rejeter toute théorie s'écartant du fixisme pour sauvegarder le principe uniformitariste, présentait longuement, avant d'en donner la réfutation, les thèses de Lamarck (3) telles que les expose celui-ci dans l'ouvrage de 1809.

Comme Lyell, Darwin tient l'explication lamarckienne pour gratuite et insuffisante. Rien ne lui est plus étranger que les conceptions scientifiques de Lamarck, défenseur d'une chimie dépassée et de l'idée, depuis longtemps contestée, d'une échelle des êtres.

Le point de départ de Lamarck est d'un siècle antérieur à celui de Darwin : c'est l'idée classique au XVIIIe siècle d'une série graduée des productions de la nature, née à la fois des doctrines d'Aristote, de la philosophie leibnizienne et du travail des classificateurs (4). « On peut s'assurer que, écrit Lamarck, parmi ses productions, la nature n'a réellement formé ni classes, ni ordres, ni familles, ni genres, ni espèces constantes, mais seulement des individus qui se succèdent les uns aux autres et qui ressemblent à ceux qui les ont produits. Or, ces individus appartiennent à des races infiniment diversifiées, qui se nuancent sous toutes les formes et dans tous les degrés d'organisation ... » (5). Il s'agit pour lui de reprendre l'idée de Bonnet, pourtant battue en brèche alors, et de la fonder « sur des faits tirés de l'organisation » (6). Cette série toutefois n'englobe pas la totalité des productions de la nature. Il y a un grand hiatus, celui qui sépare les corps inorganiques des corps vivants, et deux séries des vivants, celles des végétaux et des animaux (7). La série animale ne se nuance pas insensiblement au niveau des groupements

(1) *Ibid.*
(2) *N.B.T.*, pp. 2 et 9.
(3) LYELL, *Principles of Geology*, vol. II, 1re éd. 1832.
(4) Pour des travaux d'ensemble sur cette question, cf. A. O. LOVEJOY, *The great chain of being. A study in the history of an idea*, New York, Harper & Row, 1965 (1re éd. 1936). H. DAUDIN, *Méthodes de la classification et idée de série en botanique et en zoologie (1740-1790)*, Paris, Alcan, s. d. M. FOUCAULT, *Les mots et les choses*, Paris, Gallimard, 1966. Surtout pp. 137-176.
(5) LAMARCK, *Philosophie zoologique* (éd. 1873), I, p. 41.
(6) *Ibid.*, p. 28.
(7) *V.g.*, *Histoire naturelle des animaux sans vertèbres* (éd. 1835), I, p. 51.

inférieurs de la taxonomie, mais à l'échelon seulement des classes et quelquefois des familles, règne la linéarité que la théorie classique supposait partout (1). La série de Lamarck fait se succéder des « masses », qui sont les classes, c'est-à-dire des unités d'organisation que l'on peut ordonner hiérarchiquement.

Si Darwin s'accordait avec Lamarck sur ce que la distinction des espèces devenait, à mesure qu'augmentait le nombre des formes décrites, de plus en plus difficile, et souvent prêtait à l'arbitraire (2), il n'en rejetait pas moins l'idée de série. Son exemplaire de la *Philosophie zoologique* (3) contient là-dessus de nombreuses annotations. Ainsi, à la fin du premier chapitre il note son désaccord concernant le caractère purement artificiel de tous les hiatus et des divisions de la taxonomie (4). Et plus loin encore, il marque sa différence, privilégiant l'idée de ramifications contre celle de série (5).

Ce refus n'est pas propre à Darwin. De façon générale l'idée d'une série animale n'est plus acceptée en Angleterre dans les années 1830. Les travaux de Cuvier y sont largement diffusés et répandent sa théorie des embranchements. Sur place, la *Philosophy of Zoology* de John Fleming (6), notamment, s'attache à réfuter l'idée de série. Des auteurs idéologiquement conservateurs comme Swainson et Macleay par exemple (7), refusent l'idée de la série hiérarchique simple, même s'ils continuent à défendre une théorie de l'harmonie dans la distribution taxonomique (8). Ils reprennent la métaphore topologique de Linné, en voulant y trouver un ordre naturel, une disposition qui soit comme le calque du plan divin.

De fait, pour Lamarck lui-même, linéaire en droit, la série

(1) *V.g.*, *Philosophie zoologique*. I, pp. 119 et suiv., *Histoire naturelle des animaux sans vertèbres*, I, pp. 111 et suiv.

(2) *N.B.T.*, I, p. 9.

(3) B.U.C., Baillière, 1830.

(4) Annotation à la *Philosophie zoologique*, B.U.C., p. 38. « In this chapter argues that *all divisions or gaps* are artificial and that the series is either now perfect or has been so (Fallacy). »

(5) *Ibid.*, p. 129. « P. 105, Few animals at the limits of classes — animals in series — & not ramified ? ?, p. 109 quite different from my point of view. » Aussi p. 30.

(6) Edinburgh, 1832, 2 vol. Cet ouvrage se trouve dans la bibliothèque de Darwin.

(7) On trouvera plus d'informations sur ces auteurs dans la thèse doctorale de J.-C. Cadieux sur *Le concept d'affinité en histoire naturelle*.

(8) Notamment, W. Swainson, *A preliminary discourse on the study of natural history*, Londres, Longman, 1834, p. 200. Aussi W. S. Mac Leay, *Horae Entomologicae or Essays on the Annulose animals*, Londres, 1819-1821 (un volume en deux parties), cf. spécialement pp. 162 et suiv.

animale présente néanmoins un aspect ramifié (1), mais ces ramifications sont d'abord présentées comme des accidents du développement général de la vie selon l'axe ascendant de la série linéaire et continue.

Il est maintenant classique de distinguer chez Lamarck, dans l'action transformatrice des organismes deux processus distincts : l'un de composition croissante des organisations, l'autre de dégradation des organismes. « Si la cause qui tend sans cesse à composer l'organisation était la seule qui eût de l'influence sur la forme et les organes des animaux, la composition croissante de l'organisation serait, en progression, partout très-régulière » (2). Mais tel n'est pas le cas puisque cette cause soumet ses opérations à l'influence des circonstances qui en font varier les produits (3) : « La progression dans la composition de l'organisation subit, çà et là, dans la série générale des animaux, des anomalies opérées par l'influence des circonstances d'habitation, et par celle des habitudes contractées » (4). Les ramifications, conçues comme des anomalies, ne sont pas le lieu des véritables rapports naturels. Pour avoir négligé de distinguer l'opération des deux causes, Linné d'une part, avec sa représentation géographique de la classification naturelle, et, d'autre part, les partisans de la représentation réticulaire du tableau taxonomique (5), comme Cuvier avec sa théorie des quatre embranchements irréductibles (6), ont manqué de saisir la vérité de l'idée de série et partant l'ordre réel de la nature.

Darwin, baignant déjà dans un milieu qui a répudié l'idée de série et qui ne pense pas grand bien de Lamarck, ne peut se laisser convaincre par cette argumentation. Pour lui, comme pour Cuvier, l'assise théorique qui assure Lamarck de la validité de son explication est incompréhensible ou dépassée. L'homme des pamphlets contre Lavoisier et Fourcroy leur est suspect.

Car chez Lamarck théorie chimique et théorie biologique sont intimement liées. Sa conception de la vie relève de la « logique

(1) Lamarck, *Philosophie zoologique*, I, pp. 76-77. Pour les positions tardives de Lamarck sur cette question, cf. *Histoire naturelle des animaux sans vertèbres*, I, Supplément et, *Système analytique des connaissances positives de l'homme* (1820), où il concède beaucoup à l'importance des rameaux dans l'évolution effective des espèces.

(2) *Philosophie zoologique*, I, p. 143.

(3) *Ibid.*

(4) *Ibid.*, p. 145. Cf. aussi *Histoire naturelle...*, I, p. 113.

(5) *Philosophie zoologique*, I, p. 120.

(6) *Histoire naturelle*, I, p. 112.

physico-chimique » dont il a dans les *Recherches sur les causes des principaux faits physiques* exposé les détails (1). Il y a bien un hiatus entre les propriétés de la matière inerte et celles de la vie, mais néanmoins la vie est un phénomène purement physique que le calorique et l'électricité, étant donné un certain « ordre et état de choses » dans les parties d'un corps inerte, suffisent à produire (2). La source de la vie réside dans les milieux qui baignent les corps (3). Corps inertes et corps organiques ont des propriétés différentes. Seuls les vivants sont doués de la capacité de composer la matière, et c'est à l'action de la vie qu'il faut attribuer selon Lamarck la formation de tous les composés qui existent sur la planète, les corps inertes quant à eux tendant sans cesse à se décomposer, à retourner à l'élémentaire (4). Mais de toute façon, il s'agit dans les deux cas de la même matière, la seule différence résidant dans l'action des fluides, variable selon la disposition des corps qu'ils traversent (5). Rien n'est plus éloigné de Lamarck que le vitalisme, bien que l'antagonisme de surface des deux processus formateurs du monde organique le rappelle parfois. Dans ce contexte, on comprend que Lamarck puisse couramment faire appel aux générations spontanées pour fournir le matériau de base des transformations et de la progression organiques, les infusoires.

L'une des questions cruciales à propos de laquelle Darwin marquera dès l'origine une opposition résolue porte précisément

(1) Sur les rapports de la théorie chimique de Lamarck avec ses conceptions biologiques, cf. C. C. Gillispie, The formation of Lamarck's evolutionary theory, in *Arch. Int. Hist. Sc.*, 1956, pp. 323-338 ; Lamarck and Darwin in the history of scientific ideas, in *Forerunners of Darwin*, pp. 265-291 ; *The edge of objectivity. An essay in the history of scientific ideas*, Princeton University Press, 1966, surtout pp. 270-277. Aussi, Hooykaas, *Natural law*, etc., pp. 77 et suiv.

(2) L'expression « ordre et état de choses » revient constamment sous la plume de Lamarck quand il s'agit de caractériser les conditions qui permettent la génération spontanée.

(3) Lamarck, *Philosophie zoologique*, I, pp. 352 et suiv.

(4) Notamment, *Phil. zool.*, I, p. 106, et *Hydrogéologie ou Recherches sur l'influence qu'ont les eaux sur la surface du globe terrestre ; sur les causes de l'existence du bassin des mers, de son déplacement et de son transport successif sur les différents points de la surface de ce globe ; enfin sur les changements que les corps vivants exercent sur la nature et l'état de cette surface*, Paris, an X, p. 112. Rappelons que dans la chimie lamarckienne, il n'y a que quatre éléments qui sont ceux d'Aristote.

(5) Dans un tel système se pose évidemment la question insoluble de savoir ce qui est premier : le monde inorganique ou le monde vivant. Logiquement il faudrait que ce soit le monde vivant. Lamarck refuse explicitement de se laisser acculer à cette contradiction en affirmant que le problème du commencement ne se pose pas, rejoignant ainsi certaines idées de Hutton. Cf. *Recherches sur les causes des principaux faits physiques*, Paris, Maradan, an II, I, p. 11.

sur une thèse lamarckienne étroitement liée à cette conception de la vie. Il s'agit du problème des « espèces perdues » (Lamarck) opposé à la possibilité d'extinction de certaines unités taxonomiques (Darwin).

Pour Lamarck il paraît impossible que des races entières se soient éteintes, à moins que l'homme ne les ait lui-même exterminées, ce qui ne se peut d'ailleurs que pour certains grands animaux habitant les parties sèches du globe. Cette dernière hypothèse lui répugne d'ailleurs et il ajoute : « Ce fait peut avoir eu lieu ; mais son existence n'est pas encore complètement prouvée » (1). Sans doute, des espèces comme le *Paleotherium* et le *Megatherium* de Cuvier semblent éteintes, mais les terres sont encore largement inexplorées. En outre, même si des espèces fossiles présentent des différences qui interdisent qu'on les identifie à des espèces actuelles, il ne s'ensuit pas que ce soient là des espèces éteintes. « Ne serait-il pas possible au contraire que les individus fossiles dont il s'agit appartinssent à des espèces encore existantes mais qui ont changé depuis et ont donné lieu aux espèces actuellement vivantes que nous en trouvons voisines » (2).

Sans doute les espèces se dévorent entre elles, mais cette situation est requise pour maintenir dans des limites normales les petites espèces si prolifiques qui, sans ce frein, couvriraient le globe au détriment des autres, comme elle est requise pour faire échec aux plus grandes espèces qui, devenant dominantes, risqueraient « de nuire à la conservation de beaucoup d'autres » (3). Et Lamarck de conclure : « Ainsi, par ces sages précautions, tout se conserve dans l'ordre établi ; les changements et les renouvellements perpétuels qui s'observent dans cet ordre sont maintenus dans des bornes qu'ils ne sauraient dépasser ; les races des corps vivants subsistent toutes malgré leurs variations ; les progrès acquis dans le perfectionnement de l'organisation ne se perdent point ; tout ce qui paraît désordre, renversement, anomalie, rentre sans cesse dans l'ordre général et même y concourt ; et partout et toujours la volonté du sublime Auteur de la nature et de tout ce qui existe est invariablement exécutée » (4).

Même s'il ne s'explique nulle part sur les raisons profondes de son refus d'envisager l'extinction possible de certaines espèces,

(1) *Phil. zool.*, I, 92. Sur ce point, cf. Buffon, *Œuvres philosophiques*, Paris, Presses Universitaires de France, 1954 (édit. Piveteau), p. xxxiii.
(2) *Phil. zool.*, I, p. 93.
(3) *Ibid.*, p. 113 ; aussi, p. 111.
(4) *Ibid.*, p. 114.

il est possible de saisir chez Lamarck comment cette position se lie aux thèses essentielles de son transformisme.

On sait qu'au XVIIIe siècle, admettre telle extinction faisait problème aux naturalistes partisans de la métaphysique justifiant la théorie de l'échelle des êtres (1). Dans un monde harmonieux, produit de rapports nécessaires entre tous les êtres créés (compossibles), est-il concevable que fasse défaut une « pièce » sans que tout l'édifice en soit ébranlé ? Voltaire précisément, dans l'article « Chaîne des êtres créés » de son *Dictionnaire philosophique* (2) apportait contre cette conception l'argument de la disparition de certaines espèces. Pourtant, la fin du siècle avait connu une mise en question de l'idée de série, en même temps qu'un assouplissement de la thèse de la permanence infrangible des espèces. Blumenbach, par exemple, admet qu'après avoir joué un rôle déterminé dans une période antérieure de l'histoire de la Terre, telles espèces ou même tels genres, devenus inutiles, ont été éliminés ; ce serait le cas de certains fossiles (3). Hermann de même, s'il se refuse à multiplier les extinctions, admet néanmoins que des espèces s'éteignent sans que soit remise en cause l'harmonie universelle (4).

Il y a des raisons, inhérentes à sa théorie, qui font de Lamarck un attardé sur cette question. En refusant la division traditionnelle des trois règnes de la nature pour lui substituer l'opposition des opérations du monde organique et des corps inertes (5), il interdisait à la vie certains comportements.

Car cette opposition chez lui est très marquée, donnant d'ailleurs lieu au malentendu de l'interprétation vitaliste de son œuvre. Cette opposition, qu'il atténuera plus tard dans la Supplément au premier tome de l'*Histoire naturelle des animaux sans vertèbres* et dans le *Système analytique des connaissances positives de l'homme* (1820), lui fait présenter la vie comme un principe organisateur, responsable de la tendance naturelle à la composition croissante des organisations selon la série linéaire et continue, et les circonstances extérieures, le monde inerte, comme la source des irrégularités, des anomalies de la distribution réelle des organismes. L'inerte est ce qui contrarie la vie, dévie sa

(1) Sur ce point, cf. H. DAUDIN, *Méthodes de la classification et idée de série*, pp. 173-176.
(2) 1764.
(3) J. F. BLUMENBACH, *Handbuch der Naturgeschichte*, Göttingen, 1779, pp. 10-14. Analyse *in* DAUDIN, *Méthodes...*, p. 175.
(4) J. HERMANN, *Tabulae affinitatum animalium*, Strasbourg, 1783, pp. 14-16. Cf. *in* DAUDIN, *Méthodes...*, pp. 175-176.
(5) Cf. *Phil. zool.*, I, pp. 106-107 ; *Hist. nat...*, I, p. 40.

trajectoire, mais sans toutefois parvenir à oblitérer le plan de la nature, puisque les masses classiques se distribuent bien hiérarchiquement. C'est à cette conception de la vie comme principe d'ordre et d'organisation que se rattache la dénégation lamarckienne de toute extinction d'espèce.

Pour lui, la guerre perpétuelle que se livrent les organismes n'a pu donner lieu à aucune extinction d'espèce, car cette lutte fonctionne comme principe régulateur de l'*économie naturelle.* Si une espèce venait à disparaître dans cette lutte, il faudrait que la vie elle-même puisse introduire du désordre dans le régime général de la nature, ce qui, dans la perspective lamarckienne, est une contradiction dans les termes.

De même, cette extinction ne peut provenir de l'action contrariante des circonstances extérieures sur les vivants, car si l'inerte désorganisateur pouvait, non seulement gauchir l'influx vivant, mais encore triompher de celui-ci, l'ordre selon la série deviendrait incompréhensible. Dans la « logique physico-chimique » lamarckienne, si l'inerte pouvait ainsi contrecarrer la vie, le monde ne pourrait être que le mélange des purs éléments.

Reste l'homme donc. Non sans hésitations Lamarck admet qu'il a pu exterminer certaines grandes espèces terrestres, mais sans plus. Cela suffit pour indiquer la situation ambiguë de l'homme dans le monde chez Lamarck.

A la limite, l'homme échappe à l'ordre de la vie, il n'est pas simple partie dans le système de l'économie naturelle, mais il demeure néanmoins son point culminant, l'accomplissement parfait de la vie et le point de référence pour l'appréciation du degré d'organisation de toutes les classes de la taxonomie (1). Les *espèces perdues* qui rendent si malaisée la reconstitution de l'entière échelle des êtres, ce ne sont que des organismes qui nous restent à découvrir, ou des espèces non pas éteintes, mais transformées et encore vivantes dans leur descendance.

Du point de vue de Darwin l'extinction de certaines espèces est un fait, et dans ses annotations à la *Philosophie zoologique* il ne manque pas de marquer là-dessus sa différence d'avec Lamarck (2). A lire le *Journal de voyage*, on voit qu'il a été frappé par certains phénomènes conduisant des races ou des espèces de la rareté à l'extinction. Il relève, par exemple, que dans certaine région sud-américaine une sécheresse de cinq ans

(1) *Phil. zool.*, I, p. 117.
(2) Exemplaire de la bibliothèque de Darwin (B.U.C.). Notamment pp. 75 et 78.

(de 1827 à 1832) a produit la mort de dizaines de milliers d'animaux (1), que certaines races, de par leur conformation et leurs habitudes, doivent dans des circonstances difficiles périr avant que d'autres ne soient profondément menacées (2), aussi, qu'il n'est pas vraisemblable que certaines espèces comme le petit « tucutuco » de Bahia Blanca, plusieurs souris fossiles, aient pu devoir leur disparition à l'homme comme le soutient Lamarck (3).

Il pense que de semblables extinctions peuvent être dues à certaines conjonctures, comme l'introduction d'une nouvelle espèce dans une région donnée (4). En tout cas, il ne lui paraît pas vraisemblable que des espèces « perdues » comme le *Megatherium* ou certains paresseux géants survivent dans leur descendance, puisque les édentés actuels sont de taille beaucoup moindre que ceux-là. Pareil phénomène serait d'ailleurs en contradiction avec les lois de transformation des organismes telles que les a exposées Lamarck, puisque la tendance à l'accroissement des parties des corps organiques est inhérente au processus vital et conditionne la composition et la diversification des organisations (5).

Cette divergence sur la question de l'extinction pèse lourd dans la compréhension de la position de Darwin, car elle enveloppe une opposition cruciale, dont semble-t-il il n'a pas eu la claire conscience, *mais qui met l'historien en relation immédiate avec le noyau des conceptions qui ont rendu possible l'apparition du darwinisme.* Il s'agit de l'opposition entre le rapport du vivant à l'inerte chez Lamarck et la conception darwinienne de l'adaptation.

L'aversion de Darwin pour la conception lamarckienne des « espèces perdues » s'exprime avec encore plus de clarté dans les *N.B.T.* que dans le *Journal de voyage.* Dès le premier *N.B.T.* il écrit : « Certitude que des espèces meurent et sont remplacées par d'autres, ce qui ne peut s'expliquer que par de nouvelles créations. — Pure hypothèse — ou par une transformation d'organismes, ce qui aurait l'avantage de faire comprendre de nombreux rapports entre des faits observés » (6). D'ailleurs de

(1) *Journal of Researches*, pp. 140-141.
(2) La race *niata. Ibid.*, p. 153.
(3) *Ibid.*, pp. 178-179.
(4) *Ibid.*, p. 179.
(5) *Phil. zool.*, I, p. 82.
(6) *N.B.T.*, I, p. 104. « Absolute knowledge that species die and others replace them. — Two hypotheses : fresh creation is mere assumption, it explains nothing further ; points gained if any facts are connected. »

telles extinctions sont requises pour expliquer la distribution taxonomique qui n'a rien d'une série linéaire (1).

Cette extinction, dès les premières pages du premier *N.B.T.*, il l'attribue à une lutte qui n'est pas régulatrice de l'économie naturelle au sens de Lamarck, mais qu'il lie directement à l'adaptation défectueuse de certains organismes. Il n'y a rien de plus étrange dans la mort des espèces que dans celle des individus (2). Par exemple, des modifications trop rapides de l'environnement physique peuvent prendre de vitesse une certaine espèce ; incapable de s'accommoder des conditions nouvelles, elle disparaîtra (3). « En ce qui concerne l'extinction, écrit-il, nous pouvons facilement comprendre que la variété d'autruche *Petise* peut ne pas être bien adaptée, et ainsi disparaître, tandis que l'autruche *Orpheus* étant favorisée pourra se multiplier » (4). C'est dire que dès les premiers *N.B.T.* naît chez Darwin une problématique de l'adaptation et que ce concept joue chez lui un rôle de première importance. Il n'en va pas de même chez Lamarck.

Quand Buffon s'attachait à comprendre la *Dégénération des animaux* (5), il l'expliquait par l'action de l'habitat et de la nourriture sur l'organisme. C'est à cette source que se rattache Lamarck pour qui les « circonstances influentes » sont le climat, le lieu et les milieux, par lesquels s'expliquent les irrégularités de la série organique (6). Chez lui, la vie tend naturellement et nécessairement à produire de l'organisé de plus en plus composé, tandis que les circonstances extérieures, l'inorganique, au contraire, vont vers la décomposition et ne rencontrent la vie que pour la perturber. Si l'on entend par *adaptation* un ajustement de l'organisme à son environnement, effectué par l'organisme lui-même, *il n'y a pas d'adaptation chez Lamarck*. La poussée vitale qui tend *nécessairement*, en dépit des agents physiques, à produire de l'organisé de plus en plus parfait, ce n'est pas de l'adaptation, mais plutôt un processus qui fonctionne *malgré* l'environnement.

(1) *N.B.T.*, II, pp. 167-168. « The death of some forms and succession of others (which is almost proved, elephant has left no descendant in Europe, Toxodon in S. America) is absolutely necessary to explain genera & classes if extinct forms were all fathers of present, then, there would be perfect series or gradation. »

(2) *N.B.T.*, I, p. 22.

(3) *N.B.T.*, II, p. 153.

(4) *N.B.T.*, I, pp. 37-38. « With respect to extinction we can easily see that variety of ostrich Petise may not be well adapted, and thus perish out, or on other hand like Orpheus being favourable, many might be produced. »

(5) BUFFON, *Œuvres philosophiques*, pp. 394 et suiv.

(6) Cf. G. CANGUILHEM, Le vivant et son milieu, in *La connaissance de la vie*, Paris, Hachette, 1952, pp. 163-164.

L'action perturbatrice des agents physiques sur les organismes, ce n'est pas non plus de l'adaptation, c'en est l'exact contraire : l'organisme *subit* son environnement. D'ailleurs la relation de l'environnement à l'organisme pour autant qu'elle s'inscrit dans la structure de l'organisme, ce n'est pas un phénomène positif, non plus qu'une condition *sine qua non* de la progression des organisations ; cette relation, correspondant à des modifications d'organes requises par les circonstances, c'est la source des *anomalies* de la distribution taxonomique, de la progression continue propre au vivant (1). Ces modifications relèvent en quelque sorte d'une pathologie de la nature vivante. Par ailleurs, chez Lamarck, il est impensable qu'une espèce ne soit pas « ajustée » à son environnement ; dans son système sans extinction d'espèce, il n'y a pas de *sanction* prévue contre les espèces qui failliraient à leur accommodement aux circonstances extérieures. Au total, il n'y a pas d'adaptation chez Lamarck, parce qu'il n'y a aucune initiative du vivant. Bien que le lamarckisme, confronté au darwinisme, soit presque toujours présenté comme une pensée pour laquelle le problème de la transformation des espèces se confond avec celui de l'adaptation (2), il n'y a chez Lamarck nulle problématique de l'adaptation. D'ailleurs, si l'on en croit les dictionnaires, le terme n'est apparu en français dans son sens

(1) Cf. notamment, *Phil. zool.*, I, p. 145 : « La progression dans la composition de l'organisation subit, çà et là, dans la série générale des animaux, des anomalies opérées par l'influence des circonstances d'habitation, et par celle des influences contractées. »

(2) *V.g.*, J. Rostand, *L'évolution des espèces*, Paris, Hachette, 1932, chap. VII. Il n'y a chez Lamarck aucune initiative du vivant à proprement parler, et il n'y a pas d'adaptation puisque la progression dans la composition de l'organisation est une propriété des corps vivants, une loi nécessaire.

Ce qui a pu occulter cet aspect fondamental de la pensée lamarckienne, c'est l'importance qu'on a cru devoir accorder au sentiment intérieur dans le processus de transformation des espèces. On sait que chez Lamarck seuls les organismes dotés d'un système nerveux jouissent de sentiment intérieur. C'est dire que l'immense majorité des organismes, dont l'organisation est pourtant allée se composant, en est dépourvue. En conséquence, il faut se garder d'accorder à la séquence : modification des circonstances — besoin — entrée en jeu du sentiment intérieur — modification de l'organisation par l'habitude, une portée trop générale. D'autant que ce sentiment n'implique pas une véritable initiative du vivant car, dans une espèce donnée, l'accommodation doit se faire puisque l'espèce ne peut s'éteindre. C'est qu'en fait, et une lecture attentive de la deuxième partie de la *Philosophie zoologique*, comme du *Système analytique* le montre, le sentiment intérieur lui-même s'explique par des mouvements de fluides (physiques). La psychologie de Lamarck n'est en fait qu'un système quasi hydraulique. L'importance accordée au sentiment intérieur dans la *Philosophie zoologique* s'explique dans la mesure où cette œuvre culmine dans une psychologie. D'ailleurs, la pensée de Lamarck est davantage cosmologique que biologique. Elle considère toujours tout ensemble, « logique physico-chimique », biologie et psychologie.

biologique qu'après 1850, et d'un emprunt à l'anglais. Or quand une problématique existe, on s'est déjà donné les concepts pour la penser, et le concept d'adaptation n'existe pas chez Lamarck.

Darwin, de par la tradition intellectuelle anglo-saxonne à laquelle il participe, a lu Lamarck comme un auteur traitant le problème de l'adaptation et lui donnant une solution insatisfaisante, celle des modifications produites par le sentiment intérieur. C'est qu'il le lit comme un naturaliste anglais de la première moitié du XIXe siècle, comme un naturaliste qui a lu la *Zoonomia* d'Erasme Darwin (1). Et, parce que nous participons en cette matière de l'univers mental constitué par la révolution darwinienne, nous lisons depuis cent ans Lamarck comme fit Darwin.

Darwin — qui, on l'a vu plus haut, dès qu'il s'intéresse à la transmutation des espèces se sent d'abord obligé de résoudre la difficulté que représente l'existence des adaptations — fut un grand lecteur de Paley et, contrairement à ce qui se passe en France à la même époque, il œuvre dans un contexte qui ne sépare pas la théologie naturelle de l'histoire naturelle (2).

Le déisme connut une fortune bien différente en France et en Angleterre. Au lieu qu'en France il se développait dans la seconde partie du XVIIIe siècle pour donner deux formes aussi divergentes que Robespierre et Laplace, dans les pays anglo-saxons la religion naturelle perdait du terrain après 1730 tandis que triomphait la théologie naturelle traditionnelle (3). (Hume lui-même abandonne en 1752 son œuvre de contestataire pour se consacrer à l'histoire.) En Angleterre cette réaction culmine avec la théologie de William Paley.

(1) E. DARWIN, *Zoonomia ; or the Laws of Organic Life*, Londres, Johnson, 1794-1796, I, p. 505 : « Would it be too bold to imagine, that the great lenght of time since the earth began to exist, perhaps millions of ages before the commencement of the history of mankind, would it be too bold to imagine, that all warm-blooded animals have arisen from one living filament, which THE GREAT FIRST CAUSE endued with animality, with the power of acquiring new parts, attended with new propensities, directed by irritations, sensations, volitions, and associations ; and thus possessing the faculty of continuing to improve by its own inherent activity, and of delivering down those improvements by generation to its posterity, world without end ! »

(2) Sur l'imbrication de la théologie naturelle dans la science en Angleterre dans la première moitié du XIXe siècle, cf. C. C. GILLISPIE, *Genesis and Geology*, New York, Harper, 1959. Cf. aussi W. F. CANNON, The bases of Darwin's achievement : a revaluation, in *Victorian Studies*, 1961-1962, 5, pp. 109-134, qui développe un propos voisin du nôtre. Cf. ci-dessous n. 1, p. 152.

(3) Les débats théologiques en Angleterre au XVIIIe siècle ont été succinctement exposés dans : L. STEPHEN, *History of English Thought in the Eighteenth Century*, Londres, Harbinger, 1962, 2 vol. Cf. surtout le premier volume.

Darwin jeune, se destinant au pastorat, avait lu attentivement les œuvres de Paley, dont le déroulement logique lui donnait, écrit-il, autant de plaisir qu'Euclide. Il ajoutait : « L'étude soigneuse de ces ouvrages, sans essayer d'en apprendre rien par cœur, fut la seule partie de mes études qui, comme je le pensais alors et comme je persiste à le penser, fut de quelque utilité dans l'éducation de mon esprit » (1).

La théologie de Paley, largement diffusée au début du siècle, n'était en réalité qu'une reviviscence rationalisée de théories plus anciennes nées autour de Ray et Newton et dont la tradition demeurait vivace. Tout le système de l'école de Paley est une longue glose sur la nécessité de poser une intelligence ordonnatrice dès le moment où, par l'observation, sont décelés un arrangement de parties, une disposition rendant possible la production d'un résultat (2). Comme son prédécesseur Ray (3), Paley trouve dans l'histoire naturelle et particulièrement dans l'anatomie son matériel de choix. Ainsi à propos de l'existence des reptiles, il écrit : « Etant donné l'action musculaire, les mouvements réciproques de contraction et de relaxation, décrire comment un tel animal pourrait être construit, capable de changer de lieu volontairement. Quelque chose peut-être comme l'organisation des reptiles pourrait avoir été atteint par l'ingéniosité d'un artisan, ou pourrait avoir été offert dans un automate par une combinaison de ressorts, de poids et de fils spirales ; mais on ne manquerait sûrement pas de faire l'éloge de l'esprit inventif qui aurait conçu cette solution avec succès ; et à son propos, on ne questionnerait certes pas s'il a ou non fait preuve d'intelligence » (4).

(1) *Autobiography*, p. 59. « The careful study of these works, without attempting to learn any part by rote, was the only part of the Academical Course which, as I then felt and as I still believe, was of the least use to me in the education of my mind. »

(2) W. Paley, *Natural Theology*, cité *in* Gillispie, *Genesis and Geology*, pp. 36-37 : « There cannot be design without a designer ; contrivance without a contriver ; order without choice ; arrangement without any thing capable of arranging ; subserviency and relation to a purpose without that which could intend a purpose ; means suitable to an end, without the end ever having been contemplated, or the means accomodated to it. Arrangement, disposition of parts, subserviency of means to an end, relation of instruments to an use, imply the presence of intelligence and mind. »

(3) J. Ray, *The wisdom of God manifested in the works of creation*, Londres, 1692, 2e éd., Bibliothèque de Darwin (Botany School Library, Cambridge).

(4) L. Stephen, *History of English Thought...*, I, p. 349. « Muscular action and reciprocal contraction and relaxation being given, to describe how such animal might be constructed, capable of voluntarily changing place. Something perhaps like the organisation of reptiles might have been hit upon by the ingenuity of an artist, or might have been exhibited in an automaton by the combination of springs, spiral wires, and weights ; but to

En même temps, cette théologie naturelle admet que la nature n'est pas parfaite en tous les éléments de sa construction. « L'artifice, de par sa définition et sa nature, suppose l'imperfection » (1). Le Dieu de Paley ne se contente pas d'édicter les lois qui règlent le cours de la nature ; il surveille sa machine et au besoin intervient.

A l'époque, en Angleterre, l'acceptation de ces thèses est quasi unanime, même chez les naturalistes qui d'ailleurs appartiennent encore pour la plupart aux milieux d'églises. La grande complexité des adaptations organiques, le manque d'économie dans l'arrangement des vivants, l'intervention divine dans les processus naturels s'expliquent du fait que l'une des fins principales de la nature est de manifester l'existence de Dieu.

Lorsque Darwin se met au travail donc, il existe une vaste littérature en Angleterre, largement diffusée, et dans laquelle les adaptations organiques font l'objet de discussions fréquentes et poussées.

Ces travaux n'anticipent évidemment en rien le darwinisme. Dans le monde statique de Paley, l'adaptation n'est pas un phénomène proprement biologique ; c'est un phénomène général dans la nature, et particulièrement marquant dans le monde organique. Elle n'implique pas non plus pour le vivant un effort d'accommodation à son environnement, puisque Dieu y pourvoit. Seulement, elle joue pour Darwin *un rôle d'indice* : elle lui désigne le lieu d'un problème majeur de l'histoire naturelle.

Dans ce contexte, on tient l'ajustement de l'espèce à son environnement pour parfait, puisque toute imperfection de cette nature entraînerait une intervention divine ayant pour fin de rétablir l'ordre (2). Ce maintien de la perfection de l'adaptation

the solution of the problem would not be denied, surely, the praise of invention and successful thought ; least of all would it ever have been questioned wether intelligence had been employed about it or not. » (Leslie Stephen commente sarcastiquement : si on avait ouvert concours pour primer la meilleure forme de reptile, l'artisan tout-puissant aurait eu toutes les chances de gagner le prix.)

(1) W. Paley, cité par Gillispie, *Genesis and Geology*, p. 37. « Contrivance, by its very definition and nature, is the refuge of imperfection. »

(2) On verra plus loin comment, pour cette raison, des auteurs comme Lyell et Blyth, au fait de l'existence d'un mécanisme sélectif dans la nature, n'ont cependant continué à donner la lutte pour l'existence que comme un principe conservateur de l'économie naturelle. Contre l'idée de hiérarchie des organismes à partir du principe de perfection, cf. W. Buckland, *Geology and Mineralogy*, 1836, I, p. 208 : « A polype, or an Oyster, are as perfectly adapted to their function at the bottom of the sea, as the wings of the Eagle are perfect as organs of rapid passage through the air », cité *in* W. F. Cannon, The problem of miracles in the 1830's, in *Victorian Studies*, 1960-1961, IV, pp. 5-32, p. 20.

des organismes verrouillait nécessairement toute la théorie biologique sur le fixisme. Un homme aussi lucide que Whewell en était parfaitement conscient lorsqu'il écrivait peu après la parution anonyme des *Vestiges of the Natural History of Creation* de Chambers : « Si nous acceptons la transmutation des espèces, nous abandonnons cette croyance en l'adaptation de la structure de chaque créature à son mode d'être que non seulement la plupart des gens n'abandonneraient pas sans répugnance, mais qui s'est constamment, et de façon irrésistible, imposée aux meilleurs naturalistes comme la vraie perspective sur l'ordre du monde » (1).

Aussi Darwin devait-il dès le début marquer ses distances à l'égard de cette idée d'une perfection des adaptations, et dans un monde vivant en transformation, le concept d'adaptation devait recevoir un contenu nouveau. D'abord, dès le *Voyage du « Beagle »*, il admettait l'extinction de groupes taxonomiques dont l'ajustement au milieu se faisait mal.

L'idée de perfection prête à tous les malentendus.

Il faut d'abord l'éliminer de la taxonomie. « Quand nous disons ordres supérieurs, nous devrions toujours dire intellectuellement supérieurs. Mais qui considérant les merveilleux animaux et les forêts qui couvrent le globe osera soutenir que l'intellect est la seule fin de l'univers » (2). Ce qui nous fait considérer un organisme comme plus parfait qu'un autre n'est jamais qu'un certain point de vue que nous prenons sur lui (3). Non que chaque adaptation soit parfaite, comme voulait Buckland, et que donc tout soit égal d'un organisme à l'autre. Eliminée de la classification, l'idée de perfection doit l'être aussi de la conception de l'adaptation. Aussi, rapproche-t-il souvent les adaptations des monstruosités, et en plusieurs sens. D'abord adaptations et monstruosités constituent deux types de variétés (4). Le monstre peut être viable, il n'y a pas de pri-

(1) W. Whewell, *Indications of the Creator*, cité par Gillispie, *Genesis and Geology*, p. 219. « If we allow such a *transmutation of species*, we abandon that belief in the adaptation of the structure of every creature to its destined mode of being, which, not only most persons would give up with repugnance, but which (...) has constantly and irresistibly impressed itself on the minds of the best naturalists, as the true view of the order of the world. »

(2) *N.B.T.*, I, p. 252. « When we talk of higher orders, we should always say intellectually higher. — But who with the face of the earth covered with the most beautiful animals and forests dare to say that intellectuality is the only aim in the world. »

(3) *Ibid.*, p. 74.

(4) *N.B.T.*, II, p. 4.

vilège du « parfaitement adapté ». Ainsi l'homme produit constamment des monstres par l'élevage et la culture. La formation de races monstrueuses semble prévenue dans la nature par l'infertilité des croisements interspécifiques (1) ; néanmoins, il se pourrait bien que le processus de production des monstruosités soit analogue à celui des adaptations. Il se pose cette question sous des angles multiples et notamment, au début de 1838, lorsqu'il se demande si ce qui se passe dans l'esprit des parents peut retentir sur le physique de leurs descendants (2), faisant ainsi appel à la vieille croyance médicale d'un rôle de l'imagination dans la production des monstres (3) et l'appliquant au cas normal. Il retient d'ailleurs l'idée de Owen selon laquelle la production des monstres s'effectue à un stade très précoce de la formation de l'embryon et de façon analogue au développement de l'espèce (4), allant même plus tard jusqu'à définir la monstruosité comme une adaptation à un milieu utérin défectueux (5). Enfin, dernier coup porté à la conception de la perfection de l'adaptation, et le plus important, il en vient à admettre que des formes dites monstrueuses ne soient en fait que des adaptations à des conditions particulières, ou en d'autres termes, qu'un être monstrueux puisse être pour certain environnement mieux adapté que la forme « normale » (6).

Dans un monde fixiste, l'adaptation n'est qu'un ajustement au milieu, sans initiative du vivant ni action modelante du milieu. Dans ce monde, il n'y a pas à proprement parler d'adaptation spécifiquement biologique. Telle est la situation chez Paley. Dans une conception transformiste, ou bien le milieu modèle, modifie l'organisme sans que l'action d'ajustement provienne du vivant lui-même, et c'est le cas chez Lamarck, ou bien l'ajustement s'effectue à partir du vivant et en ce cas seulement il s'agit vraiment d'adaptation. Celle-ci peut provenir d'un *effort* du vivant, comme chez Erasme Darwin, et comme ce serait le cas chez Lamarck si le « sentiment intérieur » avait l'importance et l'autonomie qu'on lui attribue généralement. Mais

(1) *Ibid.*, p. 53.
(2) *N.B.T.*, I, p. 219. « Can the wishing of the Parent produce any character in offspring ? If so adaptation of species by *generation* explained ? »
(3) Cette conception se trouve déjà dans le *De Superfœtatione* de Galien, et l'on en retrouve une forme extrême dans *Les affinités électives* de Gœthe.
(4) *N.B.T.*, I, p. 161.
(5) *N.B.T.*, III, p. 107.
(6) *N.B.T.*, II, p. 65 : « Even a deformity may be looked at as the best attempt of nature under certain very unfavoured conditions, — as an adaptation, but an adaptation during earliest existence ; if whole life then real adaptation. »

elle peut aussi provenir de variations du vivant, indépendantes de toute forme d'initiative de celui-ci, et n'ayant de valeur adaptative que de façon aléatoire ; ce sera la solution darwinienne.

La reconstruction du concept d'adaptation par Darwin (1) a pour point de départ, une fois rappelé le contexte anglais du début du siècle dernier, des observations sur les rapports des vivants aux divers environnements, observations qui chez lui font partie de considérations sur le vaste problème de la distribution géographique des organismes.

3. *La distribution géographique et la formation d'espèces nouvelles*

Curieusement, tout en sachant et même en soulignant que la théorie darwinienne prend racine dans une contestation du fixisme appuyée sur des observations relatives à la distribution géographique des organismes, les historiens du darwinisme se sont le plus fréquemment conduits comme si ces considérations, au départ de la révision des théories biologiques, avaient été sans fécondité, sans fonction précise dans l'élaboration de la solution, comme si le commencement du darwinisme avait eu lieu sur un tout autre terrain que celui de ses racines. Sans doute croyait-on que la comparaison fameuse de l'action sélective de l'homme avec le pouvoir sélectif de la lutte pour l'existence suffisait à rendre compte de l'apparition et de la configuration du concept de sélection naturelle.

Darwin lui-même, se faisant son propre historien (2), a donné le premier cette impression erronée (3), au lieu qu'il est manifeste, à lire les *N.B.T.* où les problèmes de distribution géographique à eux seuls occupent plus de la moitié des textes, que cette discipline a balisé la recherche et défini largement les questions posées par Darwin au cours des années 1837-1838. Dans les *N.B.T.* les questions de distribution géographique sont au centre des préoccupations de Darwin.

Outre qu'il y ait des difficultés à admettre des créations distinctes pour expliquer la répartition de la faune des îles

(1) La contestation darwinienne de la conception traditionnelle de l'adaptation s'appuie sur bien d'autres considérations. Nous y reviendrons fréquemment.

(2) Il est vrai que Darwin reconnaissait n'avoir aucun sens de l'histoire ; cf. Lettre à J. Morley, mars 1871, *More Letters*, I, p. 326.

(3) *Autobiography*, pp. 119-120.

Galapagos, ou la succession d'espèces voisines en Amérique méridionale, Darwin, en voulant se donner un tableau général de la distribution géographique des vivants ne tarde pas à mettre à jour de nouveaux faits, déplacés dans un contexte fixiste et créationniste. Ainsi il remarque ironiquement que le pouvoir créateur semble mis en échec dans les îles proches des continents (1).

Au début de sa recherche, il attache un soin tout particulier à l'étude des faunes et des flores insulaires. Marqué par le cas des Galapagos, il pose au départ que l'isolement doit, avec le temps, jouer un rôle majeur dans la production des nouvelles espèces, question aujourd'hui au centre des débats sur le processus de la spéciation (2). Aux premières pages des *N.B.T.*, il remarque que les « contrées séparées depuis le plus longtemps sont aussi celles dont les organismes présentent les différences les plus marquantes, cette séparation donnant à la limite des types distincts possédant leurs groupes représentatifs » (3) ; et encore, « comme je l'ai déjà dit, isolez une espèce, elle variera probablement plus rapidement surtout si les conditions changent » (4). C'est dire comment, au départ de la recherche, les phénomènes de distribution géographique l'occupent. Non seulement ils mettent en question le fixisme, mais ils tracent la voie de la recherche. Cela est particulièrement visible à la fin du premier *N.B.T.* où Darwin fait en quelque sorte le point : « Si les espèces sont produites par isolement, écrit-il, leur distribution se fera par rayonnement à partir de certains lieux, ce qui s'accorderait dans une certaine mesure avec la vieille doctrine de Linné et les idées de Lyell, comme avec celles exprimées par von Buch. La pauvreté des flores insulaires serait proportionnelle à leur distance des continents, c'est-à-dire aux difficultés de transport, ce qui se refléterait dans la proportion des

(1) *N.B.T.*, VI (I), p. 160 : « The creative power seems to be checked when islands are near continents : compare Sicily and Galapagos ! ! ».

(2) Sur les spéciations allopatrique et sympatrique, cf. notamment : A. J. Cain, *Animal species and their evolution*, Londres, Hutchinson University Library, 1963, chap. VIII et IX. T. Dobzhansky, *Genetics and the Origin of species*, 3e éd. révisée, New York, Columbia University Press, 1966, pp. 204-211, où il renvoie à de nombreux travaux. E. Mayr, *Systematics and the Origin of species*, New York, Dover, 1964, chap. VIII. E. Mayr, Isolation as an evolutionary factor, in *Proc. Amer. Phil. Soc.*, 1959, 103, pp. 221-230.

(3) *N.B.T.*, I, p. 15 : « Countries longest separated — greatest differences if separated from immense ages, possibly two distinct types, but each having its representatives — as in Australia. »

(4) *Ibid.*, p. 17 : « As I have before said, *isolate* species, especially with some change, probably very quicker. »

espèces aux genres, que l'on peut établir en chaque lieu » (1).

Là se trouvent rassemblés les matériaux principaux qui vont alimenter la réflexion de Darwin jusqu'à sa découverte d'octobre 1838. Les situations d'isolement et leurs facteurs, les migrations, le rapport variable du nombre des espèces à celui des genres, et enfin le rapport des variétés aux espèces constituent les points de repère les plus importants du travail des années 1837-1838. Ce qu'il essaie, c'est de relier entre eux ces éléments par une théorie qui rendrait compte de tous à la fois. Darwin ne procède pas comme un paléontologiste ou un morphologiste. Daudin l'a souligné déjà, Darwin est un *naturaliste*, et c'est en homme qui cherche des vues globales sur la nature vivante qu'il va travailler. Aussi parmi ses lectures d'alors figurent une quantité considérable de récits de voyage et d'expéditions scientifiques (2) dont von Buch, chez qui il retrouve l'association entre isolement et production d'espèces.

Dans sa *Description physique des îles Canaries*, celui-ci écrit : « Sur les continents, les individus d'un genre se dispersent fort au loin et, par la diversité des stations, de la nourriture, du sol, forment des variétés qui, à cette distance, n'étant pas croisées par d'autres variétés et ramenées par là au type primitif, deviennent à la fin des espèces constantes et particulières. Alors, si, par hasard, dans d'autres directions, elles viennent à se rencontrer avec une autre variété également altérée dans sa marche, toutes deux sont des espèces fort différentes et non plus susceptibles de se mêler. Il n'en est pas ainsi dans les îles. Resserrés ordinairement dans d'étroites vallées ou dans l'enceinte d'une zone rétrécie, les individus peuvent se rencontrer, et cette rencontre devra neutraliser la tendance de toute variété à se fixer. (...) Un lieu se trouve-t-il isolé par des obstacles naturels, par des chaînes de montagnes qui établissent une séparation plus effective que

(1) *Ibid.*, pp. 155-158. « If species made by isolation, then their distribution (after physical changes) would be in rays — from certain spots. — Agrees with old Linnean doctrine and Lyell to certain extent. Von Buch — Canary Islands : French Edit. — Flora of Islands very poor (...). — Analogous to nearest continent ; poorness in exact proportion to distance (?) and similarity of type (?) (...) From study of Flora of islands : « Ou bien « encore on pourrait au plus en conclure quels sont les genres qui, sous « ce climat, se divisent le plus aisément en espèces distinctes et perma- « nentes » (...). In Humboldt great work De distrib. plantarum relation of genera to species in France in 1 : 5.7, in Laponia 1 : 2.3 (...) We find species few in proportion to difficulty of transport. (...) Von Buch distinctly states that permanent varieties become species (...) — not being crossed with others. »

(2) Cf. Les notes bibliographiques données en bas de pages par GAVIN DE BEER dans les *N.B.T.*

des espaces considérables de mer interposés, on peut toujours s'attendre à y trouver des espèces de plantes entièrement nouvelles et ne croissant pas dans les autres parties de l'île. Un hasard favorable a peut-être porté par un enchaînement particulier de circonstances, des semences par-dessus les montagnes. Abandonnée à elle-même, la variété qui résulte des nouvelles conditions auxquelles elle est soumise y formera, avec le cours du temps, une espèce distincte, qui s'éloigne d'autant plus de sa forme primitive qu'elle reste plus longtemps dans cette localité, isolée, exempte d'autres influences » (1).

Comme Darwin, comme le plus grand nombre de ses contemporains, von Buch croit à l'hérédité par fusion (2), ce qui requiert, pour rendre possible l'apparition de nouvelles espèces, des situations d'isolement. La position de Darwin ne coïncide pas point par point avec celle de von Buch (de son point de vue par exemple, l'étroitesse d'une île, si elle empêche par croisements la multiplication des espèces, n'entrave pas la transformation de l'espèce existante en une espèce nouvelle, pourvu que l'isolement dure pendant suffisamment longtemps), mais il s'accorde avec son devancier sur la nécessité de prévenir les croisements, et aussi sur le rôle des migrations. Mais l'insistance, dont on a vu l'origine, sur le problème de l'adaptation lui interdit de se contenter, comme le fait von Buch, de l'influence des agents extérieurs pour expliquer les conformations et les habitudes particulières de tous les organismes.

Mais justement, à ce propos, une des grandes originalités de Darwin, c'est que, fasciné par le problème des adaptations et des coadaptations, il n'ait pas emprunté pour tenter de résoudre son problème la voie de la physiologie et de la morphologie. On sait, rétrospectivement, par la réception de la théorie darwinienne, que cette voie était bouchée, car c'est des spécialistes de ces disciplines qu'allait venir une des principales oppositions.

Une fois Darwin confirmé dans son intuition que l'apparition des espèces nouvelles devait être liée à des phénomènes d'isolement, il lui restait à comprendre comment, en cette situation,

(1) L. von Buch, *Description physique des îles Canaries*, trad. C. Boulanger, Paris, Levrault, 1836, pp. 147-148.

(2) Sur cette position de Darwin que nous aurons à réexaminer, voir notamment : *N.B.T.*, I, pp. 5, 33-34. Et aussi une référence à Humboldt, p. 142 : « Humboldt, vol. V, p. II, p. 565. Consult. Says types most subject to vary where intermixture precluded. » Le passage de Humboldt auquel il se réfère se trouve dans le *Personal Narrative of Travels to the Equinoctial Regions of the New Continent, during the years 1799-1804*, trad. H. M. Williams, Londres, 1821 : « The exclusion of all foreign mixture contributes to perpetuate varieties, or the aberrations from a common standard. »

des variétés permanentes, espèces en formations, pouvaient être produites. Pour éclaircir ce problème, Darwin va d'une part essayer de comprendre quel est le lien entre l'occurrence de variations et la formation de variétés permanentes puis d'espèces — ce pourquoi il lira des travaux d'hybridologistes, d'horticulteurs, d'éleveurs, etc., en tentant d'élucider le processus d'apparition et de conservation des variations. D'autre part — c'est l'aspect négligé et probablement le plus important de sa recherche d'alors —, il va poursuivre son enquête sur la répartition naturelle des organismes, sur les causes de cette répartition, et sur les rapports que l'on peut établir entre tous les phénomènes de cette classe.

A l'époque où se rédigeaient les *N.B.T.*, l'étude des phénomènes de biogéographie était encore une discipline toute nouvelle à laquelle Humboldt venait d'assigner ses buts et sa méthode dans son *Essai sur la géographie des plantes* (1). Il y montrait comment ce domaine du savoir (2) se reliait aux provinces plus anciennes des sciences de la nature (3), surtout il donnait une description en forme de tableau de la végétation de diverses altitudes des Andes, soutenant que chaque « niveau » présente sur le plan de la flore une apparence globale distincte des autres. Ce faisant, la description des vivants chez Humboldt se détachait de l'impérialisme de la taxonomie pour faire prévaloir une vision plus générale, privilégiant les rapports qu'entretiennent entre eux des masses de vivants en fonction de leur environnement ; ce n'est pas encore le point de vue écologique, mais c'en est une lointaine racine.

Pour Humboldt la géographie botanique établit descriptivement les lois de distribution des végétaux, les lignes isothermes constituant sans doute à cet égard le point de référence (4). Elle

(1) A. von Humboldt, *Essai sur la géographie des plantes, accompagné d'un Tableau physique des régions équinoxiales*, Paris, Schœll, 1807.

(2) Les premiers écrits relatifs à la distribution géographique (outre ceux de Linné sur lesquels nous reviendrons) sont probablement : Zimmermann, *Specimen zoologicae geographicae quadrupedum* (1777) et la *Philosophia entomologica* (1778), de Fabricius.

(3) A. von Humboldt, *Essai...*, p. 20 : « C'est cette science qui examine si, à travers l'immense variété des formes végétales, on peut reconnaître quelques formes primitives, et si la diversité des espèces doit être considérée comme l'effet d'une dégénération qui a rendu constantes, avec le temps, des variétés d'abord accidentelles. » Faut-il dire que la problématique de Humboldt, comme celle de Buffon s'exprimant en terme de dégénération, n'est nullement transformiste. Sur ce point, cf. pp. 27-28 où il reprend contre Lamarck l'argument de Cuvier sur l'ibis égyptien.

(4) Sur les procédés par lesquels peuvent s'établir les lois de distribution des organismes, à partir de l'examen de leur répartition en regard des

ne va pas plus loin : la distribution des vivants, considérée d'un point de vue temporel, et surtout en regard des origines est une question insoluble (1).

Cette dernière question, primordiale pour Darwin, était pourtant ce qui avait préoccupé Linné dans son *Oratio de telluris habitabilis incremento* (2) et allait constituer le fond du débat sur la distribution jusqu'à Agassiz et Wallace. Pour Linné, conformément à la doctrine de la *Genèse*, la propagation des espèces avait dû s'effectuer à partir d'un centre unique pour tous les vivants — le paradis terrestre — supposé chaud et montagneux, de telle sorte qu'il pût offrir aux organismes toutes les conditions climatiques requises par leur nature.

Cette question des centres de distribution jointe à celle de la proportion suivant la géographie du nombre des espèces à leur genre — ce qui touche tout le problème des variations, de la création des variétés, et retentit sur la taxinomie — va occuper longtemps la pensée de Darwin.

En pensant la formation des espèces nouvelles à partir d'une situation d'isolement dans la géographie des organismes, la première difficulté à laquelle il se heurte concerne la multiplicité possible des centres de création.

La conviction que les espèces nouvelles se forment en situation d'isolement explique, on l'a vu, de nombreuses anomalies de la distribution comprise d'un point de vue fixiste. Ainsi s'explique que sur des îles ne présentant que d'insignifiantes différences de milieux, des organismes appartenant au même type présentent néanmoins une certaine diversité de caractères (3). Aussi s'il n'y a pas de créations spéciales pour chaque espèce, il est normal, une fois admise l'hypothèse d'un transport d'organismes ou de semences (4), que des îles proches des continents portent

isothermes, cf. HUMBOLDT, *Personal Narrative...*, 2e éd., 1822, vol. III, p. 491, note. Ce passage est marqué par Darwin dans son exemplaire (cadeau de Henslow à la veille du départ sur le *Beagle*). (B.U.C.)

(1) *Ibid.*, p. 496 : « When I combat hypothesis too easily admitted, I do not engage to substitute others more satisfactory in their place. I am rather incline to think that those problems cannot be solved ; and that the task of the philosopher is fulfilled, when he has indicated the laws, according to which nature has distributed vegetable forms. » Ce passage est marqué dans l'exemplaire de Darwin (B.U.C.).

(2) Upsala, 1743. Nous préparons avec M. Bernard JASMIN une édition de ce texte, accompagné de l'*Œconomia Naturae* et de la *Politia Naturae*.

(3) *N.B.T.*, I, p. 6.

(4) La question de ces transports possibles avait fait l'objet de développements dans le second tome des *Principles of Geology* (1832) de LYELL (cf. pp. 96-104) et une grande partie de l'*Oratio de telluris habitabilis incremento* y était déjà consacrée.

quelques espèces identiques à celles des terres voisines, ces espèces étant tardivement parvenues à ces îles, au lieu que les anciennes peuvent être déjà profondément modifiées. Ainsi s'explique que le type de ces organismes soit continental mais que nombre de leurs espèces soient endémiques (1).

Pour qu'il fût possible de soutenir cette théorie de façon plus cohérente que ce ne l'était devenu pour le fixisme aux yeux de Darwin, il fallait pouvoir n'assigner à chaque unité taxonomique qu'un seul lieu d'origine. C'est ce que vit très tôt Darwin comme le manifeste le passage déjà cité (2) où il rapproche sa conception de l'hypothèse linnéenne d'une terre primitive rassemblant toutes les espèces qui se dispersent ensuite à mesure que se retirent les eaux. Or, il se trouve qu'au moment où s'écrivent les *N.B.T.* l'idée des centres multiples est la plus largement répandue. Elle s'accorde bien avec les divisions en régions devenues courantes en géographie zoologique ou botanique, régions dont le découpage fait l'objet de critiques et de contestations depuis Fabricius (3). Dans une perspective fixiste, chacune de ces régions apparaît comme le lieu d'une création ; on pose autant de centres de création qu'il y a de régions (dans l'hypothèse la plus simple). Telle pratique ne va pas quelquefois sans une prise de conscience du retentissement de la position initiale (fixiste ou transmutationniste) sur l'interprétation des phénomènes de distribution. Ainsi, de Candolle l'aîné écrit-il : « Toute la théorie de la distribution géographique botanique repose sur l'idée que l'on se fait de l'origine des êtres organisés et de la permanence des espèces. Je n'entreprendrai point de discuter, ces deux questions fondamentales et peut-être insolubles » (4). D'autres,

(1) *N.B.T.*, I, p. 14 ; cf. aussi pp. 115, 193-194, 216.
(2) *N.B.T.*, I, p. 155.
(3) Fabricius divisait le monde en huit régions entomologiques *(Philosophia entomologica)*. A.-P. de Candolle découpe le monde en vingt régions botaniques (Géographie botanique, in *Dictionnaire des sciences naturelles*, Paris, Levrault, 1820, t. 18, pp. 359-422 ; cf. pp. 412-413). Swainson voit dans le monde animal cinq régions (*Treatise on the Geography and Classification of Animals*, Londres, 1835). Pour des aperçus sommaires sur la question de la distribution des organismes selon la géographie au moment de la mise en forme de la théorie transformiste, cf. : W. Thiselton-Dyer, Geographical Distribution of Plants, in *Darwin and Modern Science* (Seward édit.), pp. 298-318, surtout, pp. 298-307 ; aussi : H. Gadow, Geographical Distribution of Animals, in *Darwin and modern Science*, pp. 319-336 ; aussi : M. Caullery, *La distribution géographique des organismes dans ses rapports avec l'évolution*, Paris, Editions de la *Revue politique et littéraire (Revue Bleue)* et de la *Revue scientifique*, 1914.
(4) A.-P. de Candolle, Géographie botanique, in *Dictionnaire* de Levrault, p. 417. Cet article était connu de Darwin qui y fait référence trois fois dans les *N.B.T.* (*N.B.T.*, I, pp. 42, 73 ; *N.B.T.*, II, p. 114).

inversement, insistent sur l'importance d'une description rigoureuse de la répartition des organismes pour trancher la question de l'origine des espèces. Ainsi Milne-Edwards, dans un article très estimé par Darwin (1), affirme : « En étudiant la manière dont les êtres vivants sont répartis à la surface du globe, on portera certainement un grand jour sur l'influence que les agents physiques exercent sur l'organisation ; on fournira peut-être d'utiles matériaux pour la solution de la question tant débattue de l'invariabilité ou de la transmutation des espèces, et on obtiendra des termes de comparaison pour juger de l'état ancien de la terre d'après les fossiles qui se trouvent encore enfouis » (2). Vers le premier quart du XIXe siècle, Darwin est donc bien loin d'être le seul auteur à relier biogéographie et transformation des espèces ; s'il prend cette voie pour élucider le problème qui l'intéresse, ce n'est ni hasard ni position originale. Où perce son originalité, c'est que personne encore, semble-t-il, n'a associé de façon nette la nécessité d'un refus des centres multiples à la problématique transformiste. Ce faisant, il semble marcher à contre-courant : de 1820 à 1859 se multiplieront les prises de position en faveur de la thèse des centres multiples.

Cuvier, dans son *Tableau élémentaire* (3), soulignait déjà la principale difficulté de la conception du centre unique de création pour chaque espèce : « Certaines espèces se sont retrouvées elles-mêmes dans des climats très éloignés, séparées par de grands espaces de mer sans que ces espèces fussent dans les climats intermédiaires » (4). A cet argument en faveur des fixistes, s'en ajoutait un autre, analogue, mais plus puissant encore : la présence sur des sommets de montagnes séparés quelquefois par des terres basses immenses, de plantes et d'animaux identiques (5).

En 1852, Edward Forbes croyait pouvoir conclure de l'étude de certains fossiles que chaque genre a un centre unique de déve-

(1) « L'Institut, 1838, p. 290, admirable paper on geographical distribution of crustacea », in *N.B.T.*, IV, p. 100.

(2) H. MILNE-EDWARDS, Géographie zoologique : crustacés, in *L'Institut, 1838*, 6, pp. 290-291 ; cf. p. 290.

(3) G. CUVIER, *Tableau élémentaire de l'histoire naturelle des animaux*, Paris, Baudoin, an 6.

(4) *Ibid.*, pp. 13-14.

(5) « The identity of many plants and animals, on mountain-summits, separated from each other by hundred of miles of low-lands, where the Alpine species could not possibly exist, is one of the most striking cases known of the same species living at distant points, without the apparent possibility of their having migrated from one to the other. (...) Even as long ago as 1747, such facts led Gmelin to conclude that the same species must have been independently created at several distinct points. » DARWIN, *Origin of species* (Darlington), p. 310.

loppement dans le temps mais peut avoir plusieurs centres dans l'espace géographique (1). Quelques années après, Sclater, tout en proposant une division des régions zoologiques qui allait devenir classique, après que Wallace l'eut empruntée avec quelques corrections (2), affirmait que ces régions avaient dû demeurer fixes, car en règle générale chaque espèce doit avoir été créée dans les lieux qu'elle occupe aujourd'hui (3).

Il rejoignait ainsi la position défendue par Louis Agassiz dès 1850 (4). Pour ce dernier, l'obstacle principal à l'élaboration scientifique d'une théorie zoogéographique venait du préjugé de Linné selon lequel il n'y aurait eu à l'origine qu'un seul centre de création. L'autre conception selon laquelle il suffirait de multiplier les centres à partir desquels s'irradieraient ensuite les organismes ne vaudrait pas mieux (5). En réalité, les organismes auraient été créés partout à la surface du globe dans les districts qu'ils devaient habiter pour la durée d'une époque limitée par deux révolutions organiques. D'ailleurs, l'idée selon laquelle les animaux auraient été créés par paires comme le veut Linné contredit à ce que l'on sait de la nature et des habitudes de certains animaux : l'idée d'une paire unique de harengs ou de buffles contredit à ce que l'on sait des modes de vie de ces animaux. Plus encore, il existe des animaux destinés, par nature, à servir de proies à d'autres, ce qui requiert leur création en

(1) E. Forbes, On the supposed analogy between the life of an individual and the Duration of a species, in *Edinburgh new Philosophical Journal*, 1852, 53, pp. 130-135 ; p. 134.

(2) W. George, *Biologist Philosopher. A study of the life and writings of Alfred Russel Wallace*, Londres, Abelard-Schuman, 1964, p. 102.

(3) P. L. Sclater, On the general distribution of the members of the class Aves, in *Journal of the Linnean Society of London*, 1858, 2, pp. 130-145.

(4) L. Agassiz, Geographical Distribution of Animals, in *Christian Examiner*, 1850, mars, pp. 181-204. Cet article se trouve dans la collection de tirés-à-part de la Bibliothèque de Darwin, au numéro 111 et porte de nombreuses annotations (B.U.C.).

On trouve une position très proche dans un cours inédit de Cuvier professé au début de 1832 (Ms. 1601, Bibliothèque centrale du Museum d'Histoire naturelle) dont F. Bourdier a donné des extraits dans Quelques aperçus sur la paléontologie évolutive en France avant Darwin, *Bull. de la Société Géologique de France*, 7ᵉ série, t. I, 1959, pp. 881-896. Cf. p. 891 : « Je ne conteste pas, dit Cuvier, qu'il y ait eu des changements, que des êtres n'aient péri, que d'autres se soient formés par des circonstances qui ont modifié les espèces. » Mais ces changements ont eu peu d'ampleur car tout se tient dans la création, chaque être a besoin d'autres êtres à côté de lui, « il ne pourrait y avoir d'hirondelles s'il n'y avait pas de mouches » ; il faut que chaque être reçoive ce qui est nécessaire à son existence et soit limité dans sa multiplication pour ne pas nuire aux autres ; croire à la possibilité d'un être initial isolé, c'est « pousser jusqu'à la grossièreté le raisonnement métaphysique ».

(5) L. Agassiz, Geographical Distribution..., p. 181.

grand nombre, faute de quoi ils n'auraient pu laisser de descendance (1). Les animaux ont donc été créés en grand nombre, comme les hommes en hordes (2), et chaque espèce sans doute au nombre qui est sa moyenne (3). Créés sur toute l'étendue de leur distribution à une époque géologique considérée, les espèces admettent donc plusieurs centres de création (4).

C'est dire que tandis que se poursuivra la recherche issue des *N.B.T.*, une tendance très marquée se manifestera visant à faire prévaloir une thèse inconciliable avec l'objet de cette recherche ; ainsi mesure-t-on mieux ce qu'avait de particulier l'entreprise darwinienne.

L'intérêt de relever ici des conceptions postérieures au texte des *N.B.T.* n'est pas seulement de souligner par l'écart des thèses l'originalité de celui-ci ; c'est surtout de mettre en évidence l'organisation conceptuelle d'une pensée qui, dans son opposition même à celle de Darwin n'en fournit pas moins, on le verra, à celle-ci son cadre, des matériaux et souvent une certaine approche.

On sait que dans l'*Origine des espèces*, Darwin se montrera très réticent lorsqu'il s'agira de faire appel à des transformations considérables — telles que l'apparition ou l'affaissement de ponts intercontinentaux — pour résoudre des difficultés de la distribution géographique. Il tente de rendre compte de tous les faits principaux dans le cadre d'une théorie de l'immigration, compte tenu de l'importance des barrières de toutes sortes comme obstacles à celle-ci, mais aussi comme facteur d'isolement (5). Dans

(1) *Ibid.*, pp. 188-189. Ce passage est marqué dans son exemplaire par Darwin.

(2) Il va de soi que l'interprétation selon laquelle Adam et Eve auraient été les seuls premiers hommes est contraire à la Bible, car alors, comment Caïn, après la mort d'Abel, eût-il pu être chassé de sa famille et pourtant décrit « wandering among foreign nations » ? *Ibid.*, p. 185.

(3) La même idée est reprise par Agassiz sept ans plus tard dans : *Contributions to the Natural History of the United States of America, Part I : Essay on Classification*, Boston, 1857, p. 166. Passage marqué par Darwin dans son exemplaire (B.U.C.).

(4) « Have for instance, such animals as are found identical both in America and Europe been created either in Europe or in America, and wandered from one of the continents over to the other ? Have those species which occur only in the far north, and upon the higher summits of the Alps, been created either in the Alps or in the North, and wandered from one place to the other. We are at a lost for substantial arguments for believing that either one or the other place has been the primitive location of such animals, or for denying their simultaneous creation in both », Agassiz, Geographical Distribution..., p. 189.

(5) Darwin, *Origin of species* (Darlington), p. 347. Aussi, quand Forbes proposera pour expliquer les anomalies de la distribution de la flore britannique une théorie des *land-bridges* pouvant à des époques reculées avoir

les *N.B.T.*, il en va de même ; il croit pouvoir se dispenser de tout appel à des spéculations sur la possibilité d'existence à des époques reculées d'extensions continentales ou de ponts. Ce faisant, il s'interdira, à cette époque et pour longtemps (l'*Esquisse de 1842* n'apporte pas encore de solution), de pouvoir réfuter l'argument du recours nécessaire à des créations spéciales multiples pour expliquer la présence d'espèces identiques sur les sommets de montagnes éloignées entre lesquels toute migration est impossible.

Mais en 1837-1838, sans être encore en mesure de résoudre cette énigme, convaincu de la transmutation des espèces, il refuse néanmoins de concéder aux fixistes un seul cas de centres multiples pour une même espèce (1) ; il n'est pas en mesure de répondre à cet argument de ses adversaires, mais l'efficacité de l'hypothèse transmutationniste est telle, dans la généralité des cas, qu'il ne marque nulle part un seul instant d'hésitation.

Lorsque débute le premier *N.B.T.*, Darwin, on l'a vu, est convaincu que l'apparition d'espèces nouvelles, tout au moins en certains cas, doit s'effectuer en conjonction avec une situation d'isolement dont les avantages pour la prévention de l'oblitération des traits nouveaux par libre croisement sont évidents. C'est dire que si des phénomènes de distribution sont liés à l'apparition des nouvelles espèces, la classification doit pouvoir tout au moins partiellement se comprendre à partir de certains phénomènes de biogéographie.

En 1835, un article anonyme sur la distribution géographique des insectes fixait deux objectifs à cette nouvelle discipline : 1) établir les proportions pour le nombre d'insectes suivant les régions climatiques ; 2) établir les proportions du nombre des espèces par rapport à celui des genres (2). Cette dernière ques-

relié les îles océaniques aux continents (E. Forbes, On the connection between the distribution of existing fauna and flora of the British Isles with the geological changes which have affected this area, in *Geological Mem.*, 1846, I), Darwin s'opposera : « I cannot honestly admit Forbes's view on the continental extensions which (...) would lead to the belief that within the recent period all existing islands have been nearly or quite joined to some continent » (Lettre de 1859, citée *in* W. George, *Biologist philosopher*, p. 149). Sur cette question, cf. *Life and Letters*, I, pp. 431-436, Lettres à Lyell et Hooker, datant de 1856. En 1856, Darwin entreprenait la rédaction de la longue version de l'*Origin of species*, et rencontrait donc de nouveau ces problèmes.

(1) En 1844, il écrira dans une marge de son manuscrit : « If some species appear at two spots at once, fatal to my theory », cf. *Evolution by natural selection*, p. 169, n. 1.

(2) Delta (Pseud.), Thoughts on the Geographical Distribution of Insects, *Entomological Magazine*, Londres, 1835, vol. 2, pp. 44-54 et pp. 280-286. Cf. p. 44. Dans le *N.B.T.*, I, p. 91, Darwin fait allusion à cet article.

tion, Darwin voudra encore la traiter dans l'*Origine des espèces* au chapitre où il explique comment la sélection naturelle liée au principe de divergence doit favoriser les espèces qui ont le plus grand nombre de variétés et les genres qui ont le plus grand nombre d'espèces. Devenu « écologique » dans le contexte de 1859, ce problème avait son origine dans l'œuvre phytogéographique de Humboldt. Mais alors que celui-ci se contentait d'établir des statistiques de distribution, ses successeurs, comme Darwin, tenteront d'en fournir l'explication. Si les espèces se sont transformées, les rapports des espèces à leur genre ne sont pas des rapports statiques. Des variétés permanentes donnent lieu à de nouvelles espèces et par la considération des statistiques de distribution, sans doute pourrait-on établir quels sont les genres qui sous certaines conditions se divisent le plus aisément en espèces distinctes et permanentes. Bien entendu l'explication du rapport variable du nombre des espèces à celui des genres n'apparaît pas dans les *N.B.T.* pas plus que dans les textes de 1842 et 1844. Il faudra pour répondre à cette question que soit résolu le problème de la divergence des organismes — divergence que traduit la classification —, ce qui ne se produira que peu d'années avant le début de la rédaction de la première version de l'*Origine des espèces* (1). C'est dire que par ce biais la compréhension de la structure du tableau taxonomique passe par des considérations qui relèvent de la distribution géographique des organismes (2).

Quant aux questions de distribution géographique, à proprement parler, Darwin ne devait pas tarder à se rendre compte que posées dans ces termes elles restaient insolubles. Au terme du grand article, Géographie sous le rapport des sciences naturelles, publié en 1825, dans le *Dictionnaire classique d'histoire naturelle* (3), Bory de Saint-Vincent qui en assurait la direction (4), après toutes les explications données par ses nombreux collaborateurs n'hésitait pas à conclure que tous les essais jusque-là tentés pour éclairer les causes de la distribution s'étaient révélés infructueux et que, par conséquent, il n'était pas de mise d'intro-

(1) *Autobiography*, pp. 120-121.

(2) *N.B.T.*, IV, p. 53.

(3) Darwin possédait ce dictionnaire depuis l'époque du *Beagle*. Cf. Lettre à Henslow, 18 mai 1832, in *Darwin and Henslow*, p. 54. Ce dictionnaire en 18 volumes (Paris, Rey, Gravier & Beaudoin) paru de 1822 à 1831, se trouve dans la partie de la Bibliothèque de Darwin conservée au Darwin Museum à Downe.

(4) *Dictionnaire classique d'histoire naturelle*, t. 7, pp. 240 et suiv.

duire dans cette discipline « un élément de clarté qui ne saurait encore y être admis » (1). Il fallait en somme revenir à la pratique de Humboldt.

4. *Distribution géographique et économie naturelle*

Au moment où s'écrivaient les *N.B.T.*, toutes les provinces de l'histoire naturelle étaient affectées par les travaux entrepris dans le domaine de la géographie des organismes. Comme l'a laissé pressentir un passage d'Agassiz mentionné plus haut, il était pour tous manifeste à cette époque que les problèmes de la distribution géographique et ceux de l'économie naturelle s'imbriquaient de la façon la plus étroite. Lorsque Agassiz (2) insistait sur ceci que les espèces actuellement vivantes ont toujours été distribuées comme nous l'observons maintenant, l'économie naturelle, c'est-à-dire le subtil réseau de relations entre les organismes, lui servait à démontrer l'impossibilité tant des théories des centres multiples, que de celle de Linné. On se souvient que la seule existence de rapports de prédation entre organismes de différentes espèces lui suffisait à récuser l'idée que celles-ci avaient pu n'avoir pour origine qu'une paire d'individus. (« Fallait-il que la paire primitive de lions s'abstienne de nourriture jusqu'à ce que les gazelles et les autres antilopes se soient multipliées suffisamment pour ne pas craindre l'extinction ? ») (3).

Cet appel à la considération des moyens de nutrition des animaux en regard des problèmes de distribution n'était pas propre à Agassiz. Cette idée était commune, d'une part, chez les classificateurs — surtout les entomologistes — qui trouvaient dans les organes de la manducation des caractères de choix pour leurs classifications, d'autre part, chez les naturalistes préoccupés de biogéographie comme on verra plus loin. Dans tous les cas, la liaison entre les rapports d'un organisme à l'autre

(1) Bory de Saint-Vincent, « Addition », t. 7, pp. 300-302.

(2) L. Agassiz, Geographical Distribution..., p. 183 : « Wherever we trace the animals in their present distribution, we find them scattered over the surface of our globe in such a manner, according to such laws, and under such special adaptations, that it would baffle the most fanciful imagination to conceive such an arrangement as the mere results of migrations, or of the influence of physical causes over the dispersion of both animals and plants. »

(3) *Ibid.*, p. 189 : « Was the primitive pair of lions to abstain from food until the gazelles and other antelopes had sufficiently multiplied to preserve their races from the persecution ?... »

en matière de nutrition et l'économie naturelle étaient probablement un des principaux *leitmotive* de la théorie de l'histoire naturelle depuis les années 1810. Ainsi, Hugh Strickland, qui allait attacher son nom à la réforme de la nomenclature zoologique, écrivait en 1841 (1) : « La provision d'êtres organiques est exactement proportionnée à la demande et la Nature ne crée pas d'êtres sans que s'en fasse sentir le besoin, à seule fin de produire une classification régulière, ni quand ceux-ci ne pourraient survivre. »

Cette idée d'une nature dans laquelle chaque chose avait sa place, chaque organisme un lieu et une fonction précise n'était pas sans lien avec le socle métaphysique sur lequel se fondait la conception traditionnelle de l'échelle des êtres. Mais elle pouvait survivre à l'éclatement de cette dernière dans la mesure justement où, en Angleterre tout au moins, les arguments théoriques servant à la critique de l'idée d'une série hiérarchique pouvaient se prêter à la défense de la conception de l'économie naturelle. Dès le moment où, pour des raisons relevant notamment de la théologie naturelle, l'idée d'une adaptation parfaite des organismes avait pu s'imposer, l'idée d'une gradation de perfection selon l'échelle des êtres devenait plus difficile à défendre. C'est, on l'a vu, sur le fond de l'argumentation de Buckland en faveur d'une perfection de chaque organisme, l'huître aussi bien que l'aigle, que Darwin dans le premier *N.B.T.* avait mis en cause l'idée d'échelle si chère à Lamarck (2). Au contraire, l'idée d'une perfection de chaque organisme s'accordait mieux avec la conception suivant laquelle tous les vivants remplissent dans la nature les fonctions que leur a attribuées le plan de la création.

L'idée que les productions de la nature, harmonies des classifications mises à part, forment un ensemble ordonné dans lequel chaque élément occupe une place qui lui est marquée, avait été au XVIIIe siècle défendue par de nombreux auteurs dont ceux

(1) H. Strickland, On the true method of discovering the Natural System in Zoology and Botany, in *Annals and Magazine of Natural History*, 1841, 6, pp. 184-193, cf. p. 188 : « The supply of organic beings is exactly proportioned to the demand ; and Nature does not, for the sake of producing a regular classification, go out of the way to create beings where they are not wanted, or when they could not subsist (...). » La dernière phrase est marquée d'un trait dans l'exemplaire de Darwin (B.U.C.).

(2) Lamarck, dans la mesure où il adoptait l'idée d'une série unique, rencontrait la difficulté, et il s'est expliqué sur cette question dans une note à l'Introduction à l'*Histoire naturelle des animaux sans vertèbres*, I, pp. 116-117 (éd. 1835). Il se contente de privilégier un membre de l'opposition : il conclut qu'il y a une hiérarchie des organisations, et que, même si les organismes inférieurs ne sont pas moins bien ajustés à leur environnement, l'homme, vu la composition de son organisation, peut être dit plus parfait.

de l'école linnéenne. De leur point de vue, les espèces sont membres d'une république naturelle et exercent une *politia naturae*, de telle sorte que soit sauvegardée la proportion qui en fait la beauté (1). Mais au début du XIXe siècle, alors que les productions exotiques commencent à affluer dans les musées européens, en même temps que Cuvier et Brongniart en France, Smith et Murchison en Angleterre, vont fournir avec la paléontologie un nouveau champ de recherche aux naturalistes et que la géographie des organismes cherche à se donner une méthode et des principes, la question de l'économie naturelle va resurgir avec une rigueur nouvelle. En novembre 1788 déjà, Cuvier écrivait à Pfaff : « Je pense qu'on devrait rechercher soigneusement les rapports de tous les êtres existants avec le reste de la nature, et montrer surtout leur part dans l'économie de ce grand Tout. En faisant ce travail, je voudrais qu'on partît des choses les plus simples, par exemple de l'eau et de l'air, et qu'après avoir parlé de leur influence sur l'ensemble, on passât peu à peu aux minéraux composés ; de ceux-ci aux plantes, et ainsi de suite et qu'à chaque pas on recherchât exactement le degré de la composition, ou, ce qui revient au même, le nombre des propriétés que ce degré présente de plus que le précédent, les effets nécessaires de cette propriété, et leur utilité dans la création. Un pareil ouvrage est encore à faire (...). Je ne veux pas dire que les systèmes soient complètement inutiles : ce sont les lexiques de l'histoire naturelle ; mais quand en parlera-t-on la langue ? Les systèmes sont simplement des moyens, ils ne sont pas le but. Qui pourra en approcher ? Linné l'a bien senti ; dans ses *Aménités* se voient quelques traités qui se rapprochent de l'ouvrage que je projette (...) » (2). Ce projet d'une « histoire naturelle générale » comme il écrira plus loin, Cuvier ne le mènera pas à bien. A mesure qu'il se détachera des influences exercées sur son esprit par la *Naturphilosophie* au cours des années passées à l'Académie Caroline, il s'attachera davantage à ses travaux d'anatomie comparée et jugera d'ailleurs sévèrement les tentatives en ce sens de certains de ses confrères du Museum (3).

(1) Cf. LINNÉ, *Systema naturae*, 1758, I, p. 10 ; 1766-1767, I, pp. 12-17. Sur ce point, voir DAUDIN, *Méthodes de la classification*, p. 174.

(2) *Lettres de Georges Cuvier à C. M. Pfaff, 1788-1792*, trad. L. MARCHANT, Paris, Masson, 1858, p. 71.

(3) Celui qui, au moment où écrit le jeune Cuvier, a déjà commencé l'exécution de ce programme, c'est LAMARCK qui venant de publier sa *Flore française*, poursuit ses travaux de « logique physico-chimique », élaborera une théorie de l'action des eaux sur la surface du globe, et surtout, pensera l'ensemble des êtres organisés comme un ensemble dynamique en interrelations avec les milieux physiques.

En Angleterre, où à l'époque se multiplient les notes sur l'économie naturelle, la conception n'a en son fond que peu varié depuis les écrits linnéens. Dans les *N.B.T.* dont le projet n'est pas d'élaborer une théorie de l'économie naturelle à la façon dont en rêvait Cuvier, la préoccupation de démonter le mécanisme de la transmutation des espèces, de leur transformation, va provoquer néanmoins de continuelles rencontres avec les principaux aspects de cette conception. Dû, notamment, au fait que les phénomènes de distribution géographique sont en quelque sorte alors le lieu géométrique de la recherche.

Cette économie naturelle dont tout le monde traite est conçue de façon statique. Rien de nouveau n'y apparaît qui soit durable, les régulations naturelles tendant précisément à maintenir dans la nature l'ordre et la proportion qu'avait fixés la création. On a eu l'occasion plus haut au moment de la discussion des positions de Lamarck (1) d'apercevoir comment avaient été vaincues les répulsions à admettre la possibilité de l'extinction d'espèces. Au début du XIXe siècle, quand avec les progrès de la paléontologie il devint évident que de nombreuses espèces fossiles n'avaient pas leurs pareilles parmi les espèces actuelles, on admit que de telles extinctions s'étaient produites fréquemment au cours des âges géologiques (2). Les tenants du catastrophisme — et les plus avancés de ceux-ci les progressionnistes — en prirent acte sans que cela fît vraiment problème pour ce qui est de la doctrine de l'économie naturelle, chaque nouvelle création, ou chaque ensemble de vivants, présentant un ordre statique obéissant au même type de régulation (3). Des groupes entiers peuvent disparaître avec les révolutions du globe ; dans l'entre-deux le monde vivant conserve son ordre et sa stabilité.

Le principal régulateur de l'équilibre naturel, tant au XVIIIe siècle, que chez les successeurs de Cuvier c'est cette « police naturelle » dont parlait Linné, les espèces s'agressant l'une l'autre de telle sorte que soit sauvegardée la proportion requise, sans que des groupes entiers risquent jamais l'anéantissement (4).

(1) Cf. plus haut, chap. II, § 2.
(2) Sur ce point, DAUDIN, *Méthodes de la classification*, pp. 174-175.
(3) A cet égard, la pensée de Agassiz, qui représente en quelque sorte l'apogée du fixisme, est d'une grande cohérence.
(4) Ainsi Charles BONNET : « Il est entre les animaux des guerres éternelles ; mais les choses ont été combinées si sagement que la destruction des uns fait la conservation des autres et que la fécondité des Espèces est toujours proportionnelle aux dangers qui menacent les Individus (...) », *Contemplations de la Nature*, in *Œuvres d'histoire naturelle et de philosophie*, Neuchâtel, 1781, t. IV, Ire partie, p. 188. Cf. aussi *ibid.*, IIe partie, p. 187. Au total, LAMARCK ne dira pas autre chose ; cf. *Phil. zool.*, I, pp. 111-114.

L'équilibre est assuré par des relations de prédation, c'est-à-dire que l'abondance de chaque espèce est en un lieu donné déterminée par la quantité de nourriture disponible (1).

Mais vers les années 1820, ce mécanisme qui n'était jusque-là requis que pour le maintien d'une proportion dans le monde vivant, c'est-à-dire pour la satisfaction de certains canons esthético-métaphysiques, comme il est visible chez Cuvier et Linné (2), allait être relié plus étroitement au phénomène de distribution géographique des organismes et rendu responsable de l'occupation des stations par telles et telles espèces. Souvent ce déplacement est difficile à saisir. Dans la mesure où la nourriture disponible — dont la quantité restait d'ailleurs déterminée par le subtil système d'inter-relations de l'économie naturelle — fixait l'abondance de chaque espèce, il y avait bien l'idée d'un lien géographique entre l'espèce et sa nourriture, mais au début du XIXe siècle, ce rapport est renforcé. L'attention portée depuis Humboldt à la répartition des organismes contribue à assigner aux espèces des territoires fixes et limités, l'idée linnéenne de migration générale étant on l'a vu généralement récusée.

Latreille, en cela suivi par beaucoup, s'il attache une grande importance à la température comme facteur de répartition des organismes, n'en critique pas moins Fabricius pour avoir voulu se fonder sur ce seul facteur en établissant sa répartition des insectes (3). Selon Latreille, une telle méthode conduit à l'arbitraire puisque des températures semblables admettent des

(1) William COLEMAN, dans son *Georges Cuvier zoologist* (p. 160) a donné un intéressant inédit tiré du Fonds Cuvier de la Bibliothèque de l'Institut (I.F.F.C., 96, 1re leçon) que nous devons reproduire ici dans sa traduction, faute d'avoir pu le consulter : « (The) harmony and coordination of the different creatures for the general maintenance of the surface of the globe : (This is a) maintenance definitely fixed and determined, although resulting from a number of forces infinitely greater than that of the great astronomical universe. (There is an) abundance of species in each place determined by the available food. If a species becomes too abundant it attracts its ennemies. It must be admitted that there is something cruel in part of these means ; nature at least needs to hide it. (From this results the) prompt disappearance of the cadavers of plants and animals. (That is) why the surface of the globe is always alive and beautiful, even in the places unhealthy for man. » On trouve aussi dans l'*Histoire naturelle des poissons* (publiée avec la collaboration de VALENCIENNES) (Paris, Levrault, 1828, I, p. 551) : « Cette chaîne réelle des êtres coexistants, des êtres nécessaires les uns aux autres et à l'ensemble et qui, par leur action mutuelle, maintiennent l'ordre et l'harmonie de l'univers ; chaîne dont aucune parcelle n'a pu exister sans toutes les autres et dont les replis, sans cesse rapprochés ou écartés, embrassent le globe dans leurs contours. »

(2) Pour CUVIER, cf. fin de la première citation de la note précédente. Pour LINNÉ, cf. *Systema naturae*, 1758, p. 10 : La police naturelle sauvegarde la proportion qui fait la beauté de la République naturelle.

(3) FABRICIUS, *Philosophia entomologica*, IX, n° 20.

animaux très divers. Les « climats » entomologiques doivent ne se fonder que sur la répartition effective des genres d'insectes et d'arachnides (1). Sans doute la température exerce une influence certaine sur les distributions (2), mais ne l'exerce pas sans médiations, la principale de celles-ci étant relative à la nourriture des organismes : « Puisque l'auteur de la nature a répandu sur tous les points à la surface de notre globe, susceptibles de les nourrir, les corps vivants, puisque ces êtres ont dû varier avec les climats, il faut que les substances alimentaires des animaux diffèrent pareillement, à raison des lieux où ils passent leur vie, et que dès lors les substances ainsi que ces animaux aient une même circonscription géographique » (3). L'économie naturelle prend alors la forme d'une chaîne proie-prédateur, conditionnée par les climats et par conséquent découpable en larges circonscriptions géographiques. Les carnassiers font leur proie d'animaux dont beaucoup se nourrissent de végétaux, ces rapports d'agression demeurant d'ailleurs souvent spécifiques. Aussi là où manque la flore manque la faune, de façon générale, et, pour chaque espèce à tout endroit où des organismes susceptibles de leur servir de proie font défaut, elle ne peut s'établir (4).

Cette mise en relation du problème de la nourriture avec celui de la distribution, de Candolle l'applique au règne végétal en reprenant l'expression de Bonnet sur la « guerre des organismes » (5). Ce faisant, il étendait le champ de cette notion ne la réservant plus aux simples rapports de prédation liant les carnassiers aux plantes en passant par les phytophages. Quant à rendre raison de la distribution du premier maillon de cette chaîne, Latreille n'y insiste pas. Peut-être se contente-t-il de la rapporter aux températures. Or de Candolle lui s'intéresse d'abord à cette distribution des végétaux. L'une des causes de celle-ci tient pour lui directement aux milieux physiques : il est nécessaire

(1) LATREILLE, Introduction à la géographie générale des arachnides et des insectes, ou des climats propres à ces animaux, in *Mémoires du Museum*, 1815, pp. 5-7.

(2) *Ibid.*, p. 22.

(3) LATREILLE, *ibid.*, in *Mémoires sur divers sujets de l'histoire naturelle des insectes...*, Paris, Déterville, 1819, p. 166. « Un sujet curieux et qui n'a pas encore été traité, la détermination, du moins approximative, des climats propres aux races des arachnides et des insectes, se rattache à celui qui a pour objet leur nutrition. »

(4) *Ibid.*, p. 167. On trouve exprimées les mêmes idées dans un autre article de LATREILLE, dix ans plus tard : Géographie zoologique : A) Animaux articulés. Insectes et arachnides, in *Dictionnaire classique d'histoire naturelle*, 1825, t. 7, pp. 290-298. Cf. p. 291.

(5) Voir plus haut, n. 4, p. 62.

que les plantes qui requièrent comme condition d'existence certaine quantité d'eau salée ou certaine intensité lumineuse, etc., ne puissent se développer dans certaines localités (1). Mais aussi : « Toutes les plantes d'un pays, toutes celles d'un lieu donné, sont dans un état de guerre les unes relativement aux autres. Toutes sont douées de moyens de reproduction et de nutrition plus ou moins efficaces. Les premières qui s'établissent par hasard dans une localité donnée, tendent, par cela même qu'elles occupent l'espace, à en exclure les autres espèces ; les plus grandes étouffent les plus petites ; les plus vivaces remplacent celles dont la durée est plus courte ; les plus fécondes s'emparent graduellement de l'espace que pourraient occuper celles qui se multiplient plus difficilement » (2).

C'est-à-dire qu'avec de Candolle l'idée d'une lutte entre organismes connaît une extension importante : elle n'est plus seulement pensée en termes de prédation. La guerre dont il s'agit se livre entre des organismes qui ne s'entre-dévorent pas nécessairement (3). La lutte entre les organismes, que de Candolle ne décrit pas sous sa forme classique (4), n'est plus pensée chez lui comme chez les tenants traditionnels de l'économie naturelle. La guerre des organismes est rattachée à la distribution géographique (5), c'est-à-dire qu'elle est spécifiée en fonction de territoires, quelquefois comme chez Latreille de nourritures, mais aussi en fonction de la résistance de chacun des organismes : « Les conditions d'existence de chaque espèce ne sont pas rigoureusement fixes, mais admettent une certaine latitude entre des limites (...). Lorsque ces limites sont très rapprochées la plante est plus délicate ; elle ne peut vivre que dans un petit nombre de localités » (6).

D'un point de vue qui admettrait l'extinction d'espèces

(1) A.-P. de Candolle, *Géographie botanique*, p. 384.

(2) *Ibid.*, p. 284 ; aussi p. 385 : « Dans chaque localité, parmi les plantes qui y sont semées naturellement et qui peuvent réellement y vivre, celles qui y prospèrent davantage tendent à s'emparer de l'espace et à en exclure celles qui sont le plus languissantes. »

(3) Pour se nuire, les végétaux n'ont pas besoin de se parasiter. Le simple rapprochement peut suffire (de Candolle, *Physiologie végétale ou exposition des forces et des fonctions vitales des végétaux*, Paris, Béchet Jeune, 1832, vol. 3, p. 1462).

(4) Ainsi dans la *Physiologie*, vol. 3, p. 1381 : « Dans cet état de guerre continuelle des êtres organisés, la destruction que les animaux font des graines est sans doute fort redoutable pour les plantes... ». Darwin connaissait cet ouvrage et le cite dans le *N.B.T.*, IV, p. 184.

(5) *Ibid.*, vol. 3, p. 1401 : « L'étude de cette lutte des végétaux entre eux constitue une grande partie de la géographie botanique. »

(6) De Candolle, *Géographie botanique*, p. 384.

dans la nature, ces plantes dites délicates pourraient aussi être celles dont la conservation serait le plus problématique, dans la mesure où la capacité de ces plantes d'échapper par migration à un envahisseur est quasi nulle. Mais les textes de l'époque n'offrent pas semblable réflexion. Ainsi, deux années après de Candolle, John Fleming écrit sous le titre *Polity of Nature* (1), reprenant des idées voisines de celles de Latreille, que les animaux sont distribués en regard des plantes de telle sorte qu'une provision d'aliments puisse rapidement être atteinte. Mais il y a réciprocité : les animaux agissent à leur tour sur les plantes en conservant les espèces dans les limites voulues et en aidant à leur dissémination. Dans cette optique tout à fait conforme à la conception traditionnelle de l'économie naturelle, il n'y a pas vraiment de guerre entre espèces ; malgré les destructions d'individus, il y a collaboration entre les espèces, ces destructions n'étant en quelque sorte que de fraternelles corrections. Et si de Candolle n'est pas explicite sur les conséquences ultimes des luttes entre organismes, néanmoins, chez lui, l'accent se déplace : il y a lutte plutôt que collaboration : c'est sous la contrainte, par la lutte des organismes, que s'effectue leur distribution.

Il ne paraît pas que cette originalité de la position de de Candolle ait été relevée dans le milieu des naturalistes anglais, ni qu'elle ait fait des adeptes. La principale raison en est sans doute l'existence de cette tradition commune à l'histoire naturelle et à la théologie naturelle, conduisant à exagérer la perfection de l'adaptation des organismes à leur milieu. Si cette adaptation est stricte, la distribution n'a pas à dépendre de la lutte que peuvent se livrer les organismes. Selon la théorie des centres de création, si les organismes sont parfaitement aptes à se développer et à se reproduire dans l'aire que leur attribue l'économie naturelle, c'est que leur adaptation y est stricte, qu'ils ne peuvent en sortir, ni en élargir le périmètre : au-delà de certaines limites ils doivent faire face à des conditions de vie et de lutte pour lesquelles ils ne sont pas adaptés et qui, par conséquent, ne les mèneront jamais qu'à leur destruction (2). Ainsi les formes

(1) Chapitre IV de son ouvrage *The philosophy of Zoology ; or a general view of the structures, functions and classification of animals*, Edinburgh, I, pp. 49 et suiv. Darwin connaissait bien cet ouvrage. Au cours du voyage du *Beagle*, il le réclame à sa sœur Catherine (juillet 1833). Dans les *N.B.T.*, il le cite à de nombreuses reprises. Enfin, le Ms. 119 (B.U.C.) porte que Darwin lut encore ce livre en décembre 1840.

(2) *Ibid.*, II, p. 8 : « The geographical distribution of each species, may be represented by a circle, towards the center of which, existence can be comfortably maintained ; but as we approach the circumference, restraints

de lutte reliées par Latreille et de Candolle à la distribution géographique, tendent-elles à prendre en Angleterre une forme très normative (1). Par exemple Edward Blyth écrit en 1836 dans un article annoté par Darwin (2) : « Il peut valoir la peine de faire quelques remarques sur l'action non intentionnelle des bêtes concernant non seulement la prévention d'une augmentation trop considérable des vivants qui leur servent de proie, ce qui conduirait seulement à une trop grande consommation de la nourriture de ces derniers provoquant ainsi une famine et par conséquent une dégénération faute d'alimentation, mais aussi concernant la conservation du caractère typique de leur proie d'une manière plus directe, en détruisant les organismes qui dévient de la forme normale ou saine de l'espèce ou qui s'écartent de la localité qui leur convient plutôt que ceux occupés à remplir la fonction que la Providence leur a assignée. »

En somme pour conserver à chaque espèce les traits qui lui sont propres depuis sa création, le prédateur en détruisant les individus en surnombre fait échec à la dégénération de cette espèce, comme en détruisant les organismes déviants il en conserve le type. Enfin, selon Blyth, les organismes qui s'éloignent de la localité qui leur est attribuée et à laquelle ils sont parfaitement adaptés, sont rigoureusement détruits. En effet : « Les animaux, à l'état de nature sont purement des « êtres locaux », dont l'action tend à perpétuer le système environnant dont ils sont membres. Elle tend à cela mais demeure incapable de l'effectuer de façon permanente ; car, dans l'immensité du temps, d'importants changements affectent toute localité, par

multiply, and life at last becomes impracticable. Each species has a range peculiar to itself, so that the circles of different species intersect one another in every possible relation. »

(1) On a retrouvé plus haut cette permanence de l'idée d'une adaptation parfaite, chez Buckland.

(2) E. Blyth, On the psychological distinctions between Man and all other animals ; and the consequent Diversity of Human influence over the inferior Ranks of Creation, from any mutual and reciprocal Influence exercised among the latter, in *Mag. of Nat. History*, 1837, I, pp. 1-9, 77-85, 131-141. Dans son exemplaire, Darwin a marqué de traits tout ce passage, pp. 79-80 (B.U.C.) : « It may be worth while to enter a few remarks to the consideration of the unintentional agency of brutes towards not only preventing the over increase of their prey, which would only lead to too much consumption of the food of the latter, and so bring about famine and consequent degeneration from insufficiency of nutriment, but likewise towards preserving the typical character of their prey in a more direct manner, by removing all that deviate from their normal or healthy condition, or which occur away from their proper and suitable locality rather than those engaged in performing the office for which the Providence designed them. » Sur Blyth, cf. L. Eiseley, Charles Darwin, Edward Blyth and the theory of natural selection, in *Proc. Amer. Phil. Soc.*, 1959, 103, pp. 94 et suiv.

l'action de causes sans cesse en opération, mais qui échappent aux facultés des animaux inférieurs. Ils doivent dès lors périr avec leur localité s'ils ne sont distribués au-delà de l'influence de ce changement, car leur adaptation les rend inaptes à lutter pour leur existence avec les habitants plus légitimes des divers lieux fréquentés, dans la mesure même où ils étaient adaptés à leur premier domicile » (1). La rigueur de l'adaptation est telle qu'ils sont parfaitement ajustés à leurs milieux, les déviants immanquablement éliminés et le type conservé intact.

Quand il veut rendre clair comment le prédateur peut éliminer les déviants d'une espèce et préserver ainsi la pureté de son type, Blyth prend l'exemple des proies de certains oiseaux qui, les reconnaissant immédiatement, savent s'immobiliser et faire corps avec l'environnement de telle sorte que le prédateur passe sans rien apercevoir, cherchant en vain la nourriture pourtant abondante sous ses yeux. Mais « si un individu est incapable par débilité ou par maladie d'assurer la vigilance requise, ou si sa couleur ne s'accorde pas suffisamment avec celle de la surface environnante comme dans le cas d'animaux appartenant à d'autres lieux, cette créature devient une victime toute désignée et est sacrifiée pour apaiser l'appétit du prédateur : telle est la profonde sagesse des aspects même mineurs du fonctionnement du grand système ; ainsi percevons-nous l'une des causes d'une multiplicité sans fin qui tendent pareillement à circonscrire la distribution géographique des espèces et à conserver leurs caractères primitifs sans tare et sans détérioration jusqu'à leur lointaine postérité » (2).

(1) E. Blyth, *ibid.*, p. 82 : « Brute animals, in a state of nature, are merely beings of locality, whose agency tends to perpetuate the surrounding system of which they are members. It tends to do so but is insufficient to effect this permanently ; because, in the immensity of time, important changes are brought about in every locality, by causes ever in operation to which the faculties of the inferior animals are blind. They must, therefore perish with their locality unless distributed beyond the influence of the change ; for their adaptations unfit them to contend for existence with the more legitimate habitants of diverse haunts, in proportion as they were suited to their former abode... »

(2) *Ibid.*, p. 80 : « Should there happen to be an individual incapacitated by debility or sickness to maintain its wanted vigilance, or should its colour not afford sufficiently with that of the surface, as in the case of variety of an animal pertaining to other and diverse haunts, that creature becomes, in consequence, a marked victim, and is sacrified to appease the appetite of the destroyer : so profundly wise are even the minor workings of the grand system : and thus do we perceive one of an endless multiplicity of causes which alike tend to limit the geographical range of species, and to maintain their primitive characters without blemish or decay to their remote posterity. » Passage marqué d'un trait dans l'exemplaire de Darwin (B.U.C.).

Dans tous ces textes, il est sensible que le concept d'adaptation joue le rôle de clef de voûte du système de l'économie naturelle, cette adaptation, si complaisamment mise en avant par les auteurs anglais de l'époque, découlant nécessairement des postulats de la conception des créations spécifiques.

A ces adaptations qui lient les organismes irrémédiablement à leur localité, les *N.B.T.* s'opposeront sans cesse. Et c'est de la contestation engagée par ce biais, déterminée par le contexte particulier de la science anglaise de la première moitié du XIXe siècle — ce qui explique peut-être qu'il n'existe pas d'« anticipateurs » français de la théorie darwinienne — qu'allait se produire le renversement de la conception traditionnelle de l'économie naturelle.

5. *La destruction de la conception traditionnelle de l'économie naturelle : le concept de sélection naturelle*

Darwin comme on l'a noté à plusieurs reprises prenait pour départ de ses réflexions des phénomènes de biogéographie, et pensait pouvoir lier l'apparition de certaines espèces à des situations d'isolement géographique : étendues désertiques, chaînes de montagnes, vastes nappes d'eau, etc. Il suffit de lire même superficiellement les *N.B.T.* pour percevoir que toutes les questions discutées, si elles ont un rapport avec le processus d'apparition d'espèces nouvelles, sont rapportées à des problèmes de distribution. De cette prédominance de la question de la distribution dans sa réflexion, Darwin est pleinement conscient.

Faisant le point de sa recherche, vers la fin du *N.B.T.*, I, il associe explicitement transformisme et distribution (1). C'est dire que Darwin reconnaissait lui-même, à cette époque, que les questions de distribution balisaient sa recherche, et il indique nettement que dans cette voie, l'élucidation du problème de l'adaptation est fondamentale.

Tout d'abord si l'adaptation au milieu est stricte et intolérante comme le veut Blyth, il est certain que les espèces ne

(1) DARWIN, *N.B.T.*, I, p. 227 : « With belief of transmutation and geographical grouping, we are led to endeavour to discover causes of changes — the manner of adaptation (...) instinct and structure becomes full of speculation and line of observation. » Cf. aussi *N.B.T.*, II, p. 70 : « Once grant my theory & the examination of species from distant countries may give thread to conduct to laws of change of organization. »

peuvent se transformer à l'état de nature, tout déviant étant promis à une mort rapide par le jeu de la « police naturelle ».

La présence de l'idée d'une lutte pour l'existence dans un texte antérieur à Darwin, même sous forme d'une lutte qui discrimine — ce qui est une innovation importante — c'est-à-dire qui effectue en quelque sorte une sélection des individus à éliminer dans une population, ne constitue en rien une anticipation de la théorie darwinienne de la sélection naturelle. Car le tout est de savoir par quels enchaînements fonctionne cette loi de destruction de certains individus, sur quels traits on attribue à cette lutte son pouvoir d'élimination. Toute la question se joue autour du concept d'adaptation.

En remettant en question la perfection des organisations eu égard au milieu dans lequel ils vivent, c'est-à-dire en remettant en question la perfection des adaptations supposées propres aux individus qui survivent à la lutte pour l'existence, Darwin s'attaquera à la clef de voûte de la conception traditionnelle de l'économie naturelle, et c'est là que réside l'originalité profonde de la solution du problème de l'apparition d'espèces nouvelles par l'introduction du concept de sélection naturelle.

Les *N.B.T.* montrent une conscience précoce de la nécessité de renverser l'idée que les organismes jouissent, s'ils survivent, d'une adaptation parfaite à leur environnement local (1). Si chaque espèce est bien adaptée à son environnement et en un sens aussi statique que l'exige la conception commune, il faut en rester à la théorie des créations multiples, car les migrations requises par le transmutationnisme ne pourraient s'effectuer, ou conduiraient fatalement à l'extinction des migrateurs. Mais plusieurs faits permettent de récuser cette position des fixistes.

Notamment l'existence des animaux domestiques vivant hors de leurs territoires naturels fait échec à la conception de la corrélation stricte entre le milieu naturel et l'espèce qui doit l'habiter (2). D'ailleurs les exemples de naturalisation sont multiples (3), pour les races domestiques ou cultivées, tout comme pour les races sauvages. De plus, il apparaît que des organismes peuvent demeurer de conformation immuable pendant plusieurs

(1) *N.B.T.*, I, pp. 115-116 : « It is a point of great interest to prove animals not adapted to each country. — Provision for transportal otherwise not so numerous... »

(2) *Ibid.*, p. 130.

(3) *V.g.*, *N.B.T.*, I, pp. 131-132 ; *N.B.T.*, VI (II), pp. 93-94 ; *N.B.T.*, VI (II), pp. 151 et suiv.

époques géologiques, ce qui contredit encore à la conception traditionnelle (1). Enfin, les travaux de paléontologie semblent également montrer qu'au cours des âges, certaines espèces ont pu se modifier et demeurer adaptées à des conditions de vie nouvelles (2). Si l'adaptation est imparfaite, du point de vue de Darwin, elle n'en est pas moins réelle, et l'on sait que c'est de ce côté qu'il cherche les causes de modification des espèces (3). Il refuse, on l'a noté déjà, l'idée de transformations issues de la volonté des organismes, et n'admet pas non plus que l'environnement physique soit en mesure de modifier l'organisation directement de telle sorte que l'adaptation de l'organisme à son milieu se fasse continuellement, l'organisme étant en quelque sorte « modelé » par les agents extérieurs. Les cas de coadaptations notamment (thème cher à l'école de Paley) ne lui paraissent pas pouvoir s'expliquer de cette façon (4). S'il croit que l'usage ou le non-usage d'une partie a la vertu de modifier celle-ci, il n'est pas question néanmoins de tout expliquer par ce moyen (5). Mais en définitive, même si les causes de modification, d'apparition des traits nouveaux (variations) demeurent mal connues, il suffit que soit attestée la capacité des organismes à présenter et à conserver de tels traits pour que s'effectue une remise en question de la conception commune de l'économie naturelle, passant par une révision du concept d'adaptation, et une utilisation nouvelle du concept d'extinction (reliées à des observations de distribution).

Dans la nouvelle perspective darwinienne, il ne peut plus y avoir de loi transcendante imposant aux fluctuations du nombre des individus ou des espèces de demeurer entre certaines limites.

(1) *N.B.T.*, I, p. 59.
(2) *Ibid.*, p. 54 ; cf. aussi *N.B.T.*, VI (III), p. 34.
(3) *N.B.T.*, I, p. 21 : « Changes not result of will of animals, but law of adaptation as much as acid and alkali. »
(4) *V.g.*, *Journal of Researches*, pp. 314-315 : « I was much struck with the marked difference between the vegetation of these eastern valleys and those of the chilian side ; yet the climate, as well as the kind of soil, is nearly the same and the difference of longitude very trifling. The same remark holds good with the quadrupeds, in a lesser degree with the birds and insects. I may instance the mice, of which I obtained thirteen species on the shores of the Atlantic, and five on the Pacific, and not even one of them identical. » Le texte est à peu près identique dans l'édition de 1839. Toutefois, Darwin ne niera pas dans les *N.B.T.* que l'action du milieu soit susceptible de faire apparaître des traits nouveaux (*v.g.*, *N.B.T.*, VI (II), pp. 237-238), mais il pense que les transformations d'espèces ne peuvent s'expliquer entièrement sur de tels fondements. Pour une position de réserve inquiète à l'égard de l'action directe du milieu, cf. *N.B.T.*, VI (III), p. 174.
(5) *N.B.T.*, III, pp. 59, 166.

Il n'y a plus de « proportion » à sauvegarder (1). Dans la lutte pour l'existence est impliquée, Darwin l'apercevra bientôt, l'idée d'un *équilibre* entre espèces, mais cet équilibre a de tout autres ressorts que la stricte ordonnance de l'économie naturelle traditionnelle ; c'est un ordre labile.

Dans le schéma darwinien, il est déjà évident qu'il ne peut y avoir ajustement automatique des organismes à leur environnement, et que par conséquent, advenant par exemple des modifications soudaines de l'environnement, l'extinction peut frapper des groupes entiers (2). Dans ce cas, il lui paraît probable que la « quantité de vie » sur terre n'en serait pas affectée, cette disparition livrant le territoire ainsi libéré à la prolifération d'une ou de plusieurs autres espèces.

Mais l'extinction ne peut provenir seulement de modifications de l'environnement physique ; une autre cause tient assurément à la lutte des espèces entre elles, la *war of organic beings* (3). Cette lutte, Darwin, après l'avoir retrouvée dans Lyell (4) qui l'empruntait à de Candolle, pouvait se souvenir en avoir vu les effets au cours de son voyage. Par exemple, il remarque à propos de l'île Sainte-Hélène que l'introduction par l'homme de chèvres et de pourceaux y a provoqué une modification de la végétation, ce qui aurait conduit à la destruction de huit espèces de coquillages terrestres endémiques (5). Et il notera à la fin de son *Journal de voyage* : « Les variétés humaines semblent agir l'une sur l'autre de la même façon que les animaux, les plus forts extirpant toujours les plus faibles » (6).

L'idée que dans cette lutte la survie va à l'espèce ou aux individus les mieux adaptés, les *N.B.T.* l'expriment dès le début (7). Ainsi s'expliquent la persistance de certaines espèces, la

(1) *N.B.T.*, pp. 20-21 : « With this tendency to change (and to multiply when isolated) requires death of species to keep number of forms equable. But is there any reason for supposing number of forms equable : this being due to subdivisions and amount of differences, so forms would be about equally numerous. »

(2) *N.B.T.*, II, pp. 37, 153.

(3) *Ibid.*, p. 73.

(4) Dans l'exemplaire de Darwin, le passage du troisième volume de la 5e édition des *Principles* de LYELL sur l'équilibre naturel est souligné, pp. 87-88 (B.U.C.).

(5) *Journal of Researches*, p. 461. Il remarque en outre qu'une espèce anglaise d'escargot y prospère pourtant, ce qui contredit évidemment à la conception de l'adaptation stricte.

(6) *Ibid.*, p. 411 : « The varieties of man seem to act on each other in the same way as different species of animals — the stronger always extirpating the weaker. » Ce texte est identique dans les deux éditions.

(7) *N.B.T.*, I, pp. 37-39 : « With respect to extinction we can easily see that variety of Ostrich Petise may not be well adapted, and thus perish

destruction d'autres espèces, mais l'apparition d'espèces nouvelles demeure inexplicable.

Sans doute, il paraît à plusieurs reprises dans les *N.B.T.* que cette apparition peut être liée à l'isolement (1), et même doit l'être si les effets des croisements doivent être prévenus ; mais la transformation d'une variété en race permanente puis en espèce demeure un processus obscur.

Les *N.B.T.* se gardent de trop attribuer d'importance à l'action des agents physiques, comme on sait. Il est admis qu'elle peut provoquer l'apparition de variations, mais nulle part Darwin ne prétend que ces agents aient le pouvoir de provoquer une succession de variations allant nécessairement dans le même sens, ce qui rendrait compte de la formation de variétés permanentes.

Faut-il penser alors que le processus naturel d'accumulation des variétés peut être compris sur le modèle de l'accumulation des traits qui conduisent à formation des races domestiques ? Darwin croit alors qu'il ne faut pas confondre l'action de la nature et celle de l'homme. Quand le quinariste Mac Leay écrit que pour toutes les instances taxonomiques, dans sa classification, le nombre 5 est la clef de leur constitution selon le plan naturel, mais qu'au niveau le plus bas, celui des espèces, ce nombre est indéterminé, car elles peuvent passer l'une dans l'autre par d'insensibles transitions vu qu'il n'existe pas de critère permettant une distinction rigoureuse des espèces et des variétés permanentes (2), Darwin note que Mac Leay passe sous

out, or on the other hand like Orpheus being favourable, many might be produced. This requires principle that permanent varieties produced by confined breeding and changing circumstances, are continued and produce according to the adaptation of such circumstances, and therefore that death of species is a consequence (contrary to what would appear from America) of non-adaptation to circumstances. »

Sur l'autruche Avestruz Petise *(Rhea darwinii)*, intéressant exemple pour Darwin d'un groupe devenu très rare, et proche de l'extinction, cf. *Darwin's Ornithological Notes*, Appendix, pp. 273-277, par N. Barlow.

(1) *V.g.*, ce passage du *N.B.T.*, II, p. 207, en relation avec la citation de la note précédente : « Isolation of range tends to alteration view. — Ostriches ditto but then there may have existed series between Apterix & other birds. — Will having trifling characters in common with other birds reveal the secret. »

(2) W. S. Mac Leay, Annulosa, *in* A. Smith, *Illustrations of the Zoology of South Africa*, Londres, 1838, p. 8, note : « Some persons have imagined that I only assign five species to the lowest groups in nature ; but the above theory evidently proceeds on the assumption that if we knew *all* the species of the creation, their number would be infinite, or in other words, that they would pass into each other by infinitely small differences. This actually takes place sometimes in nature ; and as yet I do not know any good distinction between a species and what is called « a permanent variety ». »

silence une importante distinction, celle des variétés permanentes isolées par la nature et celles isolées par l'homme. Il est certain que les variétés naturelles ou les espèces dont la structure a été modifiée en fonction de leurs habitudes ont eu leur constitution modifiée en accord avec leurs besoins vitaux, ce qui n'est pas le cas pour les variétés domestiques, lesquelles ne sont le plus souvent que des monstruosités propagées par artifice (1). Cette distinction n'est pas seulement verbale dans les *N.B.T.* S'il faut distinguer nettement les procédés naturels de production d'espèces des méthodes artificielles de production des variétés permanentes, c'est justement qu'en vertu de la lutte menée par les organismes à l'état de nature, il était connu des éleveurs que les variétés artificiellement produites n'étaient pas viables à l'état de nature, ce qui rejoignait l'idée traditionnelle d'une *politia naturae* éliminant les déviants, idée reprise on l'a vu par Blyth vers 1836-1837 et que l'on retrouve d'ailleurs dans les *Principles* de Lyell. Les espèces ne peuvent se modifier sans que soient détruits à l'état de nature, les déviants ; ainsi réfutait-on l'argument selon lequel les transformations produites par l'homme sur les espèces domestiquées ou cultivées autorisaient à conclure à l'occurrence de pareille transformation chez les organismes sauvages (2). Or la critique de Darwin à Mac Leay montre qu'il a lui aussi la conviction que les espèces sauvages ne peuvent se transformer selon le même processus que les espèces sur lesquelles l'homme exerce son influence.

Les qualités adaptatives requises pour la survie des organismes à l'état de nature diffèrent totalement des traits que peuvent acquérir des organismes vivant sous la protection de l'homme. Si Darwin s'intéresse à cette époque aux organismes domestiques c'est surtout que ceux-ci lui fournissent un matériel propice à effectuer des observations sur l'occurrence de variations et les mécanismes de leur production, chose difficile en ce qui concerne les espèces sauvages. L'occurrence de variations est

(1) *N.B.T.*, III, pp. 107-108 : « When Mac Leay says there is no difference between « permanent variety » and species, he overlooks those restricted in their range by man & by art — the former only giving average effects of country (& no monstrosity or adaptation to unhealthy state of womb).
« One can perceive that natural varieties or species, all the structure of which is adaptation to habits (& habits second nature) may be more in constitutional — more conformable to the structure which has been adapted to former changes than a mere monstrosity propagated by art. Yarrell told me of a cat & of a dog born without front legs — the former of which had kitten with imperfect ones, — now Sir J. Sebright thought if he had had a pair he could have produced from them — this instance of monstrous variety which could not have been persistant in nature. »

(2) A ce propos, cf. passages sur E. Blyth, n. 2, p. 67; n. 1 et 2, p. 68.

requise dans la nature pour que, l'isolement prévenant les croisements oblitérateurs, de nouvelles espèces puissent apparaître. En étudiant les variations à l'état de domestication et en tentant d'en élucider les causes, Darwin se convainc que si les variations sont, du fait des situations nouvelles auxquelles sont soumis ces organismes, plus fréquentes en domestication qu'à l'état de nature, néanmoins les variations doivent, avec le temps chez les organismes sauvages, suffire à toutes les modifications requises par la théorie de la transmutation (1), même si les capacités de variation des organismes ne sont pas illimitées (2). Quant à l'origine et aux mécanismes de production des variations, dans les *N.B.T.* comme dans l'*Origine des espèces*, Darwin ne présente pas de théorie générale qui puisse en rendre compte. Il ne présentera les conclusions de son étude du matériel domestique qu'en 1868 en publiant *The Variation of Animals and Plants under Domestication* (3) où il exposera sa théorie de la Pangenèse.

Il est remarquable que nulle part dans les trois premiers *N.B.T.*, c'est-à-dire avant d'avoir élaboré sa solution sur la transformation des espèces, Darwin écrive quoi que ce soit qui indique une recherche d'un mécanisme naturel sélectif analogue à celui qui, en domestication, produit les races nouvelles (4). Tout au contraire, jusqu'au terme du troisième *N.B.T.*, quand Darwin comparera le statut des espèces à l'état de nature à celui des espèces domestiquées ou cultivées, ce sera pour les dissocier, marquer les différences du processus possible de leur formation (5). D'ailleurs, on remarquera que le terme de *sélection*, fréquent chez les auteurs anglais traitant d'élevage ou d'horticulture utilisés par Darwin, n'apparaît jamais dans les *N.B.T.* Si l'atten-

(1) *V.g.*, *N.B.T.*, I, p. 100 : « We know that domestic animals vary in countries without any assignable reason. » *N.B.T.*, I, p. 175, à propos de chiens présentant des variations des vertèbres. *N.B.T.*, I, p. 118, à propos de l'idée de F. Cuvier, que les variations sont fortuites. Dès les premières pages (*N.B.T.*, I, pp. 1 et 2), Darwin associe l'occurrence de variations à la génération sexuelle, idée qu'il emprunte à son grand-père Erasme Darwin (*Zoonomia*, I, p. 487).

(2) *N.B.T.*, V (III), p. 104 : « It certainly appears in domesticated animals that the amount of variation is soon reached — as in pidgeons no new races. » Aussi, *N.B.T.*, IV, p. 136. Sur les variétés de roses, *N.B.T.*, III, p. 118 et p. 128.

(3) Londres, Murray, 2 vol.

(4) Ce que pourtant laissait entendre le passage déjà cité de l'*Autobiographie*, pp. 119-120.

(5) Cf. plus haut, n. 1, p. 74, l'objection à Mac Leay fondée sur une distinction des variétés artificielles et naturelles quant à leur formation et leur adaptation. Aussi, *N.B.T.*, III, pp. 20-21. Les variétés artificielles sont le produit d'un choix et d'un isolement alors que « in a really natural breed, not one is picked out ».

tion de Darwin en regard de la domestication s'était portée sur l'action sélective de l'homme pour en chercher l'analogue à l'état de nature, il serait difficile de comprendre pourquoi, dans cette recherche, il n'emploie jamais le terme qui désigne justement ce qui mobiliserait toute son attention. Or il ne l'a jamais fait. C'est justement que le choix des individus tel qu'il se pratique pour les espèces domestiques lui paraît alors sans analogue dans la nature. Domestication et horticulture ne sont pour lui qu'un domaine privilégié pour l'étude de la production des variations.

Et en fait, avec les éléments jusque-là rassemblés par lui, il n'a dans les *N.B.T.* nul besoin de cette analogie pour toucher à la solution. Il sait déjà qu'il doit y avoir occurrence de variations à l'état de nature, ce que d'ailleurs personne ne conteste. Chez des espèces isolées, ces variations, si elles peuvent s'accumuler, doivent donner naissance à de nouvelles espèces (1). A ceux qui opposent que la lutte pour l'existence conserve le type de l'espèce qui ne peut survivre qu'en maintenant sa stricte adaptation à la localité qu'elle occupe, il objecte que l'adaptation ne peut avoir ce rôle vu que des vivants changent de territoire sans être exterminés, et peuvent même devenir redoutables pour les espèces endémiques. D'ailleurs, on l'a vu, il élargit considérablement la notion d'adaptation en éliminant toute idée de perfection et en soutenant qu'en certaines conditions particulières des traits considérés comme tératologiques peuvent avoir une signification adaptative (2). Comme il n'existe pas d'organisme strictement adapté à son environnement, la lutte pour l'existence peut amener l'extinction progressive de certaines espèces devenues moins bien adaptées que d'autre, comme c'est, croit-il, le cas pour l'autruche *Avestruz Petise* (3). De tous ces éléments qui se trouvent déjà dans les trois premiers *N.B.T.*, il était possible de conclure, sans recourir à aucune analogie, que les nouvelles variations peuvent avoir une signification adaptative positive ou négative, et dès lors favoriser ou défavoriser leurs porteurs dans la lutte pour l'existence. Ainsi, les variations favorables étant transmises par la génération, avec le temps, il deviendrait possible que ces individus favorisés supplantent ceux qui ont conservé les traits propres au type de l'espèce et de ce fait se constituent en espèce-fille. Pour parvenir à ce

(1) A ce stade de sa recherche, Darwin est très conscient des difficultés que pose la théorie de l'hérédité par fusion des caractères parentaux. Mais le problème est mis entre parenthèses.

(2) Cf., sur ce sujet, plus haut, chap. II, § 2.

(3) Cf. plus haut, n. 7, p. 72.

résultat il n'était pas besoin de recourir à la métaphore d'un sélectionneur naturel jouant le rôle assuré par l'homme dans la production des espèces domestiques. Et effectivement, un tel procédé n'est pas mentionné dans les *N.B.T.*

Vers le terme du troisième *N.B.T.* donc, à la mi-septembre 1838, Darwin était en possession des principaux éléments de sa théorie, et qui plus est — parce que même tous ses éléments épars n'expliquent pas la constitution d'une théorie — il avait déjà — en mettant en question la conception traditionnelle de l'économie naturelle par sa contestation de la perfection des adaptations — mis en forme les plus importantes relations entre ces éléments.

Néanmoins, il ne semble pas qu'il ait opéré la mise en relation des variations favorables seules conservées par la lutte pour l'existence avec la formation d'espèces nouvelles avant le 28 septembre 1838, au moment de la lecture de Malthus.

Concernant le rapport de Darwin à Malthus la confusion est grande dans l'historiographie darwinienne. Il y a plus de cinquante ans, dans l'Introduction qu'il donnait aux textes de 1842 et 1844 de son père, Francis Darwin s'étonnait de ce que, vu tout ce qu'on pouvait lire dans les trois premiers *N.B.T.* avant qu'il soit mention de Malthus, il ait fallu celui-ci pour faire naître la théorie (1).

Lorsqu'à partir de 1960, Sir Gavin de Beer commença la publication des *N.B.T.*, il parut établi que Malthus n'avait joué aucun rôle *avant* la première formulation claire de la nouvelle théorie. Cette formulation se trouve en un court passage à la fin du *N.B.T.*, III : « Tout ceci s'accorde avec ma conception sur les formes légèrement favorisées prenant l'avantage et formant des espèces » (2). La première allusion à Malthus n'apparaissant qu'aux premières pages du *N.B.T.*, IV (3). D'ailleurs, Malthus ne paraissait cette première fois que pour être critiqué. On savait bien entendu que le texte des *N.B.T.* demeurait incomplet, Darwin en ayant à deux reprises découpé toutes les pages « utiles » (4). La publication en 1961 de quelques pages (5)

(1) *Evol. by Nat. Sel.*, p. 27. « I can hardly doubt, that with his knowledge of the inter-dependence of organisms and the tyranny of conditions, his experience would have cristallized out into « a theory by which to work » even without the aid of Malthus. »

(2) *N.B.T.*, III, p. 175 (1960) : « All this agrees well with my view of those forms slightly favoured getting the upper hand & forming species. »

(3) *N.B.T.*, IV, pp. 3-4 (1960).

(4) *N.B.T.*, I. Note de Darwin sur l'intérieur de la couverture : « All useful pages cut out. Dec. 7/1856/ (and again looked through april, 21, 1873). »

(5) *N.B.T.*, V, *Addenda and Corrigenda* (1961).

retrouvées n'avait pas modifié l'état de la question : il n'y était nulle part fait mention de Malthus. Aussi l'éditeur des *N.B.T.* paraissait-il justifié de conclure que la théorie de l'évolution par sélection naturelle s'était élaborée sans recours à Malthus et que, si par la suite Darwin lui avait attaché certaine importance, c'était seulement pour lui avoir fourni « la démonstration mathématique de l'insuffisance des réserves de nourriture si le nombre des individus d'une espèce devait s'accroître trop rapidement, et par conséquent le caractère inévitable des pénalités » (1), le principe de la sélection naturelle infirmant d'ailleurs la thèse malthusienne sur l'impossibilité d'un progrès pour les espèces vivantes.

Or il se trouve que plus de deux cents des pages manquantes (2) ont été retrouvées récemment, dont les pages 134 et 135 du *N.B.T.*, III, pages antérieures au passage allégué pour disjoindre la référence à Malthus de la mise en place de la théorie de la sélection naturelle, et qui comprennent une nette formulation de celle-ci associée à des textes des premières pages de la sixième édition de l'*Essay on the Principle of Population* (3).

La force dont parle ce texte, qui agit comme par des centaines

(1) Introduction au *N.B.T.*, III, p. 121. Nous avions nous-même dans un compte rendu cru pouvoir conclure de même façon (*Revue d'Hist. des Sciences*, 1967, XX, pp. 101-103).

(2) Compte tenu des dernières découvertes, il manquerait encore 70 pages aux *N.B.T.*, dont plusieurs sont probablement vierges. Cf. *N.B.T.*, VI, Introduction de Sir GAVIN DE BEER, p. 131.

(3) Londres, 1826, 2 vol., cf. *N.B.T.*, VI (III), pp. 134-135 : « 28th We ought to be far from wondering of changes in numbers of species, from small changes in nature of locality. Even the energetic language of De Candolle does not convey the warring of the species as inference from Malthus — increase of brutes must be prevented solely by positive checks excepting that famine may stop desire. — In nature production does not increase, whilst no check prevail, but the positive check of famine & consequently death. I do not doubt every one till he thinks deeply has assume that increase of animals exactly proportionate to the number that can live. — Population is increase at geometrical ratio in FAR SHORTER time than 25 years — yet until the one sentence *(a)* of Malthus no one clearly perceived the great check amongst men — there is spring, like food used for other purposes as wheat for brandy. — Even a few years plenty, makes population in man increase & on ordinary crop causes a dearth, take Europe on an average every species must have some number killed year by year by hawks, by cold, etc. — even one species of hawk decreasing in number must effect instantaneously all the rest. — The final cause of this wedging must be, to sort out proper structure, & adapt it to changes — to do that for form, which Malthus shows is the final effect (by means howewer of volition) of this populousness on the energy of man. One may say there is a force like a hundred thousand wedges trying [to] force every kind of adapted structure into the gaps in the economy of nature, or rather forming gaps by thrusting out the weaker ones. »

(a) Ce passage de Malthus a été retracé par Sir GAVIN DE BEER dans la 6e éd. de l'*Essay*, I, p. 6 : « It may safely be pronounced, therefore, that the population, when unchecked, goes on doubling itself every twenty-five years, or increase in a geometrical ratio. »

de milliers de coins pour produire l'occupation de toute place laissée un moment vacante dans l'économie naturelle, occupation par un organisme dont la structure y serait adaptée, pour éliminer les organismes les moins bien adaptés et les remplacer par de plus favorisés, triés justement par cette force, c'est la lutte pour l'existence qui sous la pression de population instaure une sélection naturelle parmi les espèces vivantes. S'il fallait trouver un « modèle » (1) de la sélection naturelle ce n'est pas le sélectionneur humain qui trie intentionnellement les individus présentant les traits dont il veut favoriser la perpétuation, qu'il faudrait décrire mais bien comme on l'a déjà dit (2), cette mécanique des coins, qui agit aveuglément mais produit néanmoins comme par criblage, une « sélection » qui discrimine sans intention les individus convenablement adaptés de ceux qui le sont insuffisamment. Et si, lorsque apparaît pour la première fois dans l'œuvre de Darwin la théorie de la sélection naturelle, c'est, associée à cette métaphore et non au modèle de la sélection humaine, c'est précisément que celui-ci n'a joué aucun rôle dans la *première constitution* de la théorie.

Ce qu'aurait fourni Malthus à Darwin, ce n'est pas l'idée d'une lutte pour l'existence alors commune. Mais plutôt l'idée de l'intensité de cette lutte, de son pouvoir contraignant sur les vivants, l'idée de progression à raison géométrique impliquant qu'une « pression » constante s'exerce sur les vivants, engendrant nécessairement entre eux une guerre incessante, forme ancestrale de la *population pressure* de l'actuelle génétique des populations. Cela et rien de plus.

Or il est douteux que cet apport de Malthus ait été de droit indispensable à la constitution de la théorie. Comme l'écrit Darwin lui-même, l'expression de Malthus est seulement plus frappante, plus énergique que celle de de Candolle. Il était avéré depuis longtemps que beaucoup plus de vivants sont produits qu'il n'en peut survivre et on ne voit pas comment le concept linnéen de *politia naturae* aurait eu autrement un sens, non plus que l'idée d'une lutte pour l'existence régulatrice de l'économie naturelle (3). Depuis Linné et certains travaux publiés dans les

(1) Modèle explicatif, mais non pas heuristique.

(2) Cf. G. Canguilhem, *Les concepts de « lutte pour l'existence » et de « sélection naturelle » en 1858 : Charles Darwin et Alfred Russell Wallace*, Les conférences du Palais de la Découverte, Série D, n° 61, pp. 14-15 ; aussi, du même, L'homme et l'animal du point de vue psychologique selon Darwin, in *Revue d'Hist. des Sciences*, 1960, 13, pp. 81-94, p. 85.

(3) Il est donc inexact d'écrire : « The concept of a « struggle for existence » (...) represents the high point of Darwin's debt to Malthus. » G. Him-

Amoenitates Academicae, les naturalistes disposaient de chiffres impressionnants sur les taux de reproduction (1), dont la prise en considération devait rendre nécessaire l'idée de la grande intensité de la lutte qui menait à tant d'extinction. Malthus lui-même, comme il l'écrit expressément, avait emprunté cette idée à l'histoire naturelle, ou plutôt à Benjamin Franklin qui, lui, l'avait tirée de travaux d'histoire naturelle (2). Si le rôle joué par Malthus dans la constitution de la théorie darwinienne est indubitable, il n'en est pas moins probablement fortuit.

L'impulsion reçue par la lecture de Malthus allait donc provoquer la cristallisation de la théorie darwinienne, n'affectant en rien le caractère nettement anti-malthusien de celle-ci. Le projet avoué de Malthus, contre Godwin et Condorcet, c'est de prouver que l'intensité de la lutte, et la nécessité de celle-ci, interdisent tout progrès à l'espèce humaine.

Il est d'ailleurs évident pour Malthus que tel est le cas pour toutes les autres espèces. Aussi, comme l'a souligné G. Himmelfarb (3), lorsque Malthus fait appel à la lutte pour l'existence (4), ce n'est jamais pour prétendre que le meilleur triomphe. La lutte pour l'existence n'entraîne aucune amélioration des populations. Le principe malthusien signifie une élimination naturelle quantitative sans sélection (5).

MELFARB, *Darwin...*, p. 161. Sans doute, l'expression *struggle for existence* se trouvait bien dans MALTHUS (*Essay*, 7e éd., I, pp. 5-6, cité par HIMMELFARD, p. 161) : « So many struggles for existence », mais Darwin l'avait déjà trouvée dans les diverses éditions des *Principles* de LYELL, précisément dans l'exposition que fait celui-ci des conceptions de de Candolle, cf. *Principles*, 1834, vol. 2, p. 391 (cf. EISELEY, *Darwin's Century*, p. 103). On remarquera que l'expression *struggle for existence* n'apparaît pas dans les *N.B.T.*, sinon dans une note de 1856 en tête du *N.B.T.*, III : « Towards close I first thought of selection owing to struggle. » Darwin lut pour la première fois Malthus dans un exemplaire emprunté. Celui conservé à la B.U.C. porte sur la couverture la date d'achat : « 1841 ». Il s'agit de la sixième édition. Le second volume n'est pas découpé en entier. Les annotations, nombreuses aux premières pages du premier volume, portent presque exclusivement sur les taux de reproduction et les accroissements de population qui s'ensuivraient si des freins n'intervenaient.

(1) DARWIN fait allusion à ces calculs de Linné dans l'*Origin of species* (Darlington), p. 55, et aussi dans la première version de ce texte, Ms. 10 *i*, fol. 10 (B.U.C.). Cf. par exemple, LINNÉ, *De telluris habitabilis incremento*, § 54 à 60. Paragr. 59 : « Apparet ex hactenus dictis (55-58) vel unicam plantam, fi ab animalibus fuiffet confervata, potuiffe univerfum globum noftrum inveftire & obtegere. »

(2) MALTHUS, *Essay*, pp. 1-2. L'essai de FRANKLIN portait pour titre : *Observations concerning the Increase of Manking and the Peopling of countries*, Boston, 1755.

(3) *Darwin...*, p. 161.

(4) A un seul endroit explicitement, lorsqu'il écrit sur les guerres des Indiens d'Amérique. Cf. *Essay*, 7e éd., p. 60.

(5) *N.B.T.*, IV, Introduction de Sir GAVIN DE BEER, p. 156.

Darwin semble avoir eu conscience de ses différences d'avec Malthus. Aussi à propos d'un passage où Malthus écrivait que les opérations de la nature se produisent selon des lois invariables et que, par conséquent, depuis l'origine du monde les causes des variations de populations ont dû être constantes (1), Darwin le citant ajoutait : « Ceci s'applique à une espèce et je l'appliquerais non seulement à la population et à la dépopulation, mais aussi à l'extermination et à la production de nouvelles formes » (2). C'est-à-dire que dès l'abord Darwin perçoit sa plus importante originalité par rapport à Malthus. Au lieu que pour celui-ci le monde n'admet pas de nouveauté véritable, aucun progrès, et qu'il maintient une conception des interrelations entre organismes, voisine de la conception traditionnelle de l'économie naturelle, chez Darwin les variations de populations ne conduisent pas seulement à l'élimination des individus en surnombre, à la conservation des espèces en un même état, mais elles mènent à des transformations d'espèces, et peuvent correspondre à des extinctions ou des situations de dominance.

L'extinction ou l'acquisition d'une position prédominante ne se fait pas sans raisons que la théorie darwinienne trouve dans la conception nouvelle de la nature et du rôle des adaptations. Or comme celles-ci résultent de variations, il reste, une fois donné le mécanisme « sélectif » assuré par la lutte pour l'existence, à comprendre comme il se fait que les variétés sont généralement produites comme des formes plus complexes au lieu de se donner comme des êtres incomplets, en régression par rapport au type de l'espèce (3). Darwin en fournit très tôt la réponse, manifestant ainsi, comme l'a noté Gavin de Beer (4), que déjà par sa façon de poser les questions, il s'était ouvert tout le champ de ce que nous nommons aujourd'hui l'écologie : le nombre des animaux dépend de leur variété de structure et de complexité ; dès lors en se compliquant les formes animales s'ouvrent de nouvelles voies de développement. Il n'est donc pas requis d'admettre une tendance nécessaire des organismes

(1) Malthus, *Essay*, 6e éd., I, p. 529. « We know from experience that the operations of what we call nature have been conducted almost invariably according to fixed laws : and since the world began, the causes of population and depopulation have been probably as constant as any of the laws of nature with which we are acquainted. »

(2) *N.B.T.*, IV, p. 3. « This applies to one species — I would apply it not only to population and depopulation, but extermination & production of new forms. »

(3) *N.B.T.*, IV, p. 70 : « See if any law can be made out, that varieties are generaly additions, & not abortive. »

(4) *Ibid.*, Intr. p. 154.

inférieurs, puisque la complexification de certains organismes suffit à rendre possible pareil processus en d'autres formes, etc. (1).

La composition des organisations est le produit de la lutte pour l'existence dont l'intensité allant de pair avec le nombre des vivants exige que seuls soient conservés ceux qui présentent des adaptations nouvelles. Inversement, si comme le suppose Darwin, tous les organismes inférieurs venaient à s'éteindre, libérant ainsi un grand nombre de « places » (2) dans la nature, il ne fait pas de doute que les groupes d'organismes restants verraient certains de leurs membres « défavorisés » occuper ces places. Mais un arrêt dans la complication des organisations n'est possible que comme effet d'une réduction du nombre des vivants, ce qui entraînerait une diminution de la pression, mais pour un temps seulement (3).

Comme on a eu déjà l'occasion de le mentionner plus haut, il demeurait au terme des *N.B.T.* un important problème irrésolu, relié à la formation de l'arbre ou du « corail » taxonomique (4). Dans la disposition taxonomique, il n'y a ni arbitraire, ni harmonie. Les diverses instances de la taxonomie sont reliées entre elles de façon généalogique et ramifiée. C'est-à-dire que le tronc se divise en branches qui donnent naissance à des rameaux, etc., et que ces branches tendent à s'éloigner de plus en plus l'une de l'autre (divergence). Ce dernier problème, expliquer comment ces rameaux tendent à diverger progressivement, ne devait trouver de solution qu'au début des années 1850 (5). Reliée à ce problème, demeure donc généralement posée la question importante du point de vue d'une théorie de la taxonomie et dont nous

(1) *V.g.*, *N.B.T.*, IV, pp. 95-96 : « The enormous *number* of animals in the world depends of their varied structure & complexity. — Hence as the forms become complicated ; they opened fresh means of adding to their complexity. — But yet there is no *necessary* tendency in the simple animal to become complicated although all perhaps will have done so from the new relations caused by the advancing complexity of others. — It may be said, why should there not be at any time as many species tending to dis-development (some probably always have done so, as the simplest fish) my answer is because, if we begin with the simplest forms & suppose them to have changed, their very changes tend to give rise to others. — (...). — I doubt not if the simplest animals could be destroyed, the more highly organized would soon be disorganized to fill their places. »

(2) On reviendra au dernier chapitre, § 1, sur le concept de « place » chez Darwin.

(3) *N.B.T.*, IV, p. 97.

(4) Pour cette image, cf. *N.B.T.*, I, p. 25.

(5) Cf. *Autobiography*, pp. 120-121. Aussi, lettre à G. Bentham du 19 juin 1863, *Life and Letters*, II, p. 211 : « I believe it was fifteen years after I began before I saw the meaning and cause of divergence of the descendants of any one pair. » Sur cette question, voir plus bas, chap. IV, § 1 et 3.

avons vu qu'elle avait pour origine les travaux de géographie botanique du début du siècle — (mais qui ne peut plus se poser en ces termes aujourd'hui) — d'expliquer les différences de proportion entre le nombre d'espèces de certains genres, comme entre les genres et les familles, etc.

Mais la plus importante question encore pendante, c'est probablement celle de l'origine des variations, liée à la compréhension des mécanismes héréditaires. On verra que les incertitudes de Darwin quant à cette question allaient retentir sur toute l'élaboration subséquente de la théorie de l'évolution par sélection naturelle. Croyant à la fusion des caractères parentaux, Darwin, comme von Buch, doit insister fortement sur l'importance de l'isolement géographique dans la production de variétés permanentes puis d'espèces, d'où l'intérêt des *N.B.T.* pour ce facteur, que renforcent encore dans l'esprit de Darwin ses observations sur la faune des Galapagos.

Enfin, un trait fondamental des *N.B.T.* (surtout si l'on garde à la mémoire l'analyse sommaire que l'on a donnée au premier chapitre du texte de 1842, où la comparaison de la sélection humaine et des moyens naturels de sélection joue un rôle important), c'est justement l'absence de la prétendue inférence heuristique de la sélection artificielle à la sélection naturelle.

On a relevé déjà que le terme *sélection* n'apparaît jamais dans les *N.B.T.* et qu'avant la mise en place de la solution toute comparaison entre les procédés naturels et artificiels de formation de races a pour fin de montrer qu'ils sont sans analogie. Le premier texte où Darwin rapproche positivement les deux procédés se trouve au *N.B.T.*, IV, c'est-à-dire qu'il est postérieur à la découverte (1).

(1) Cf. *N.B.T.*, IV, p. 71 : « It is a beautiful part of my theory, that domesticated races of organic beings are made by the same means as species — but latter far more perfectly and infinitely slower. » S'en tenant à l'interprétation traditionnelle, l'éditeur des *N.B.T.*, Sir Gavin de Beer, ne trouve qu'un texte pour appuyer son point de vue : « Sept. 7th. I was struck looking at the Indian cattle with Bump, together with Bison of some resemblance as if the « *variation* in one was analogous to specific *character* of *other species* in *genus* ». Is there any law of this. Do any varieties of sheep evidently artificial approach in character to goats — or dogs to foxes (yes Australian dog) or donkeys to zebras » (*N.B.T.*, III, pp. 165-166).

Il faut beaucoup de bonne volonté pour commenter ce texte en y voyant l'idée du « parallèle entre les effets de la sélection artificielle par l'homme et ceux de la sélection naturelle » (Gavin de Beer, *N.B.T.*, III, p. 121), car il n'y est pas question de sélection, mais seulement de résultats obtenus en domestication. Parler de sélection ici, c'est se donner par avance la réponse cherchée.

Darwin, dans un texte déjà cité de son *Autobiographie* (1), prétendait avoir trouvé la solution cherchée en s'interrogeant sur les procédés de culture et d'élevage pour ensuite se demander quel pouvait être l'agent de la sélection à l'état de nature. Vingt ans plus tôt, il écrivait déjà la même chose à Wallace et à Lyell (2). C'est probablement qu'à vingt ans de distance, il télescopait des événements (la découverte, le rapprochement des procédés artificiels et naturels de formation de races nouvelles) que séparaient quelques semaines à peine (3). C'est aussi qu'il a déjà derrière lui, outre le manuscrit de la première version de l'*Origine des espèces* (1856-1858), l'*Essai de 1844* et l'*Esquisse de 1842*, tous textes dans lesquels l'analogie avec la sélection artificielle joue un rôle pédagogique. En outre, comme on verra au dernier chapitre, l'utilisation « pédagogique » de ce rapprochement ne va pas sans infléchir la pensée de Darwin en provoquant des obscurités de langage qui sont à l'origine de beaucoup des critiques qu'on devait lui adresser, concernant l'*Origine des espèces* — ce qui manifeste aussi que tel rapprochement des deux procédés de sélection n'était pas anodin. Dès lors, l'erreur d'appréciation sur les rapports originels exacts entre les deux sélections se comprend assez bien.

A ce propos justement, un auteur récent (4) regrettait l'aspect squelettique propre aux présentations vulgarisées de la sélection naturelle chez Darwin, comme si celle-ci était compréhensible en dehors des conditions de son opération ; mais il ne s'expliquait pas les raisons de cette lacune générale autrement que par des lectures insuffisantes des textes de 1842 et 1859. Dans notre conception, si le concept de sélection naturelle est presque toujours présenté de façon tronquée, et singulièrement appauvri, la principale raison s'en trouve dans l'idée que Darwin, dans sa recherche, a procédé de la sélection artificielle à la

(1) *Autobiography*, p. 119.

(2) Cf. Lettre à Wallace, 1858 : « I came to the conclusion that selection was the principle of change from the study of domestic productions ; and then, reading Malthus, I saw at once how to apply this principle. » Cf. aussi, lettre à Lyell, 25 juin 1858 ; « We differ only [in] that I was led to my views from what artificial selection has done for domestic animals », *Life and Letters*, I, p. 474.

(3) Gavin de Beer, dans son article, The origins of Darwin's idea..., a essayé de comprendre comment des décalages avaient pu se produire sur d'autres points entre des faits de la vie de Darwin et leur récit dans l'*Autobiography*, en tentant une explication appuyée sur la maladie et la psychologie de Darwin. On trouve des propos analogues au terme de l'article de L. Eiseley sur Charles Darwin et Edward Blyth.

(4) P. Vorzimmer, Darwin's ecology and its influence upon its theory, *Isis*, 1965, 56, 2, pp. 148-155, cf. pp. 148-149.

sélection naturelle, et que par conséquent l'essentiel du concept tient à l'idée de choix, aussi automatique qu'on voudra. Sans doute aussi la présentation pédagogique de Darwin a renforcé cette idée que les deux sélections sont largement isomorphiques. Il n'est pas douteux que la discrimination automatique est au centre du processus naturel de sélection, mais la description essentialiste de ce processus — favorisée par le rapprochement avec la sélection artificielle — ne facilite pas la compréhension de son fonctionnement, ni la saisie de la multiplicité des formes qu'elle prend.

Enfin, cette confusion détourne de l'analyse des transformations, des déplacements et des renversements que vont connaître certains éléments essentiels de la théorie de 1838 à 1859 ; dans un concept si simple qu'il se laisserait saisir pour l'essentiel par la comparaison avec la sélection artificielle, il n'y a en effet rien de semblable à attendre.

La complexité de la sélection naturelle, son fonctionnement « écologique », se comprennent mal si la conception darwinienne de la sélection naturelle n'est qu'une « projection » dans la nature des procédés artificiels de formation de races nouvelles, mais elle paraît plus intelligible si, comme nous l'avons montré, la théorie darwinienne est née de considérations sur l'imbrication des phénomènes de biogéographie et d'une conception nouvelle de l'économie naturelle, liée à la révision du concept d'adaptation.

CHAPITRE III

vraie et fausses identités

L'histoire des sciences ne sera sans doute jamais une discipline expérimentale rigoureuse comme le sont devenues, par exemple, la physique ou la physiologie. L'historien des sciences n'a pas la possibilité de monter de toutes pièces des dispositifs expérimentaux qui fassent se répéter un phénomène dans des circonstances telles qu'il réponde aux questions inscrites dans le montage même de ces dispositifs. A l'époque même où Darwin débutait dans sa recherche, William Whewell rapprochait de l'histoire et de l'archéologie les sciences géologiques et paléontologiques, sous le titre de sciences « palætiologiques » (1). Le propre des disciplines palætiologiques, ce n'est pas que les causalités anciennes qu'il faudrait exhumer pour rendre intelligibles les phénomènes sous examen soient d'un autre type que celles actuellement agissantes : c'est d'ailleurs ce que venait de démontrer Lyell pour la géologie.

Pour les disciplines proprement historiques en tout cas, et singulièrement pour l'histoire des sciences et des idées, la difficulté caractéristique vient de ce que toutes les causalités ont eu une efficace dont on ne peut feindre d'ignorer qu'elle prenait appui sur un réseau complexe de conditions de possibilité tel que, peut-être, tout examen critique de leurs rapports requiert contre la pratique d'isoler ces causalités.

Aussi, s'il faut pourtant pour comprendre le mouvement même de la science dans son histoire marquer les points d'in-

(1) W. WHEWELL, *History of the Inductive Sciences*, 3 vol., 1re éd., 1837. Réimpression, Frank Cass, 1967, Part. III, p. 395.

flexion qui déterminent ses parcours, plutôt que de chercher à esquisser des aperçus tentant de faire apparaître le fourmillement des causalités, toutes les successions d'événements selon la chronologie et qui prétendent mimer en quelque sorte par le mouvement narratif les processus temporels, il y a lieu d'emprunter une voie plus rigoureuse et sans doute plus féconde : celle qui s'offre à l'histoire des sciences dans l'analyse comparative fine de reconstructions synchroniques. Et peut-être cette pratique fournirait-elle à l'histoire des sciences un analogue de la méthode expérimentale. Non pas qu'il s'agisse, comme voulait Cuvier dans son *Histoire des sciences naturelles* (1), de mettre « l'esprit en expérience » pour obtenir la mise en lumière de la véritable méthode scientifique par la comparaison des procédures qui se sont montrées fécondes ou stériles chez les savants du passé. Le projet n'est pas ici d'élaborer cette « théorie expérimentale de l'esprit humain » (2). Ce qui intéresse dans le cadre particulier de ce travail, c'est de mettre en évidence le nœud d'un point d'inflexion déjà repéré (l'explication darwinienne de la transformation des espèces, qui inaugure une réorganisation du champ des disciplines biologiques), par l'examen d'un ensemble de textes dont on a souvent soutenu qu'ils comportaient à ce qui était tenu dans un même domaine, pour la même question, des réponses semblables. Il s'agit donc de mettre en évidence par ce qu'on pourrait à la limite distribuer en des tables de présence-absence, les éléments pertinents de tous les textes considérés dont il faut par une lecture informée établir les enchaînements internes et les références tues ou explicites. Par là, il devient non seulement possible de préciser ce qui appartient proprement à chaque thèse — donc d'éclairer celle de Darwin même — mais aussi dans une certaine mesure d'obtenir la confirmation ou l'infirmation de l'analyse des positions darwiniennes, telle qu'elle ressort des précédents chapitres. Outre Lamarck traité plus haut, on s'attachera donc à Wallace, Matthew et Wells, tous contemporains de Darwin et tenus par certains pour des élaborateurs d'une conception de la sélection naturelle, c'est-à-dire des précurseurs du darwinisme.

(1) G. CUVIER, *Histoire des sciences naturelles, depuis leurs origines jusqu'à nos jours*, Paris, 1841-1845.

(2) P. FLOURENS, *Analyse raisonnée des travaux de G. Cuvier*, Paris, 1841, p. 54.

1. *Alfred Russell Wallace : De la distribution géographique des organismes à la théorie de l'évolution par la lutte pour l'existence*

Wallace que l'histoire des sciences a reconnu comme l'*alter ego* de Darwin en regard de la théorie de la sélection naturelle, présenta au public le résultat de ses travaux le même jour que lui (1). Son abandon du fixisme date, semble-t-il, de 1845 alors qu'il lit les *Vestiges* de Chambers dont la première édition avait paru l'année précédente (2). Sa conversion ne repose pas, comme celle de Darwin, sur des observations personnelles : il n'a alors que vingt et un ans et vient d'obtenir une place d'instituteur, après avoir travaillé comme arpenteur depuis l'âge de quatorze ans.

C'est plus que Darwin encore un autodidacte dont la vocation de naturaliste ne doit rien à une formation académique.

La lecture de Chambers le séduit immédiatement. Dans une lettre à son ami Bates, mieux formé que lui sur le plan scientifique et très réticent à l'égard des *Vestiges*, il écrit : « J'ai une opinion plutôt plus favorable que la tienne à propos des *Vestiges*. Je ne considère pas cet ouvrage comme une généralisation irréfléchie, mais plutôt comme une hypothèse ingénieuse que supportent fortement des faits frappants et des analogies. Il fournit un objet de recherche, pour tous les observateurs de la nature : chaque fait observé apportera un argument pour ou contre ; dès lors cet ouvrage fournit à la fois un stimulant pour collectionner les faits et un objet auquel appliquer ces faits une fois recueillis » (3). Aussi lorsqu'en 1847, il quitte l'Angleterre

(1) Leurs exposés furent lus à la séance de la Linnean Society of London, le 1er juillet 1858.

(2) [R. CHAMBERS], *Vestiges of the Natural History of Creation*, Londres, Churchill, 1844. En 1860, les *Vestiges* en étaient à leur onzième édition anglaise. Environ 24 000 copies avaient été vendues (cf. A. ELLEGARD, *Darwin and the general reader*, Göteborg, 1958, p. 11). C'est dire que l'idée évolutionniste, si elle ne rencontrait guère de succès chez les naturalistes, n'était pas sans séduction pour un plus vaste public.

(3) WALLACE, *My life*, Londres, Chapmann & Hall, 1905, p. 254. Lettre du 28 déc. 1845 : « I have rather a more favourable opinion of the *Vestiges* than you appear to have. I do not consider it a hasty generalization but rather as a ingenious hypothesis strongly supported by some striking facts and analogies (...). It furnishes a subject for every observer of nature to attend to ; every fact he observes will make either for or against it, and it thus serves both as an incitement to the collection of facts, and an object to which they can be applied when collected. »

Sur la réaction de Darwin à l'égard des *Vestiges*, cf. Lettre à Hooker, s. d., *Life and Letters*, I, p. 301 : « ... I have also read the *Vestiges* but have been somewhat less amused at it than you appear to have been : the writing and arrangement are certainly admirable, but his geology strikes me as bad,

pour un voyage de quatre ans et demi en Amazonie, c'est avec le net projet d'amasser des faits pouvant conduire à la solution du « mystère » de l'origine des espèces (1). Comme Darwin, Wallace avait lu soigneusement Humboldt, mais aussi le *Journal of researches* de Darwin (2). Peut-être éveillé aux problèmes de la distribution géographique des organismes par ces lectures, on sait que frappé lui-même des variations locales observables sur des animaux de même espèce, il attache une très grande importance à la détermination de la localité de ses observations biologiques, certain d'une corrélation entre animaux et localité (3). Non seulement Wallace en quête d'une solution au problème de l'espèce, s'attache à décrire soigneusement, mais il cherche aussi des explications (« Les plaines sont toujours plus densément peuplées que les forêts ; et la zone tempérée, comme l'a montré M. Darwin, semble mieux adaptée à faire vivre les grands animaux terrestres que les tropiques » (4)) et rencontre des phénomènes de distribution qui ne sont pas moins curieux que ceux observés déjà aux Galapagos (5).

Mais lié à cet intense intérêt pour la géographie dont il ne se départira jamais, Wallace, au cours de son voyage, accordera beaucoup d'attention à un second phénomène qui le place à l'écart de toute une tradition et en même temps le rapproche de Darwin. En effet, à propos de ses observations sur les oiseaux, il est amené à mettre en doute puis à récuser l'idée selon laquelle

and his zoology farworse. » Quant à Huxley, il écrit dans son article, On the reception of the Origin of species, incorporé dans *Life and Letters* de DARWIN (I, p. 341) : « I think I must have read the *Vestiges* before I left England in 1846 ; but if I did, the book made very little impression on me, and I was not brought into serious contact with the « species » question until after 1850 ». Pour une appréciation très élogieuse de l'œuvre de Chambers, cf. A. LOVEJOY, The argument for organic evolution before *The Origin of species* in *Forerunners of Darwin*, pp. 356-414. Une appréciation plus critique, et à notre avis plus juste, est donnée par GILLISPIE dans *Genesis and Geology* où il consacre son chapitre VI aux *Vestiges* et aux séquelles de leur parution.

(1) *My life*, I, p. 257.

(2) W. GEORGE, *Biologist philosopher*, p. 6. Cet excellent ouvrage est de loin ce que l'on possède de plus sérieux comme étude de l'œuvre de Wallace.

(3) *Ibid.*, p. 21, aussi pp. 24-25, 49. On sait que WALLACE publiera en 1876 *The Geographical Distribution of Animals*, première grande synthèse évolutionniste en zoogéographie.

(4) *A narrative of the Travels on the Amazon and the Rio Negro*, Londres, Reeve, 1853, p. 103 : « The plains are always more thickly peopled than the forests ; and temperate zone, as has been pointed out by M. Darwin, seems better adapted to the support of large land-animals than the tropics. »

(5) Ainsi, à propos de certains poissons de l'Amazone, WALLACE observa la grande diversité de ceux-ci, chaque affluent du fleuve ayant ses propres espèces, et certaines partagées avec d'autres affluents, alors qu'apparemment rien n'eût pu les empêcher de se mêler, cf. *A Narrative...*, pp. 271-272.

les becs des oiseaux ont une structure correspondant à une adaptation aux habitudes de nutrition, évidemment reliée à la conception dogmatique de l'économie naturelle : « Certains auteurs d'histoire naturelle ont soutenu que chaque fruit sauvage est la nourriture de quelque oiseau ou animal, et que les formes et les structures variées de leurs bouches étaient requises par le caractère particulier des fruits dont ils se nourrissent ; mais il y a plus d'imagination que de conformité aux faits dans cette affirmation : le nombre des fruits sauvages fournissant la nourriture des oiseaux est très limité et des oiseaux des conformités les plus variées et de toutes grosseurs se trouvent sur un même arbre » (1). C'est dire que le bec des oiseaux n'a pas été spécialement construit pour la nourriture particulière qu'ils consomment. Inversement, peu après son arrivée dans l'archipel malais (2), il a acquis, par de nouvelles observations, la conviction que d'autres oiseaux très spécialisés quant à leur nourriture se ressemblent pourtant quant à la structure de leurs becs, tout en différant considérablement sous d'autres aspects. Dans de telles conditions, non seulement il n'est plus possible de croire que chaque animal est spécifiquement et minutieusement adapté à ses conditions de vie, à la façon dont le pensaient les naturalistes de l'économie naturelle et les partisans d'une théologie naturelle comme celle de Paley (3), mais de plus la structure du bec ne peut pas fournir de base solide pour la classification. Or, comme la structure du bec joue alors un rôle prééminent dans la taxonomie des oiseaux (4), Wallace entreprend la

(1) *Ibid.*, p. 85 : « It has been assumed by some writers on Natural History, that every wild fruit is the food of some bird or animal, and that the varied forms and structures of their mouths may be necessitated by the peculiar character of the fruits they are to feed on ; but there is more imagination than fact in this statement : the number of wild fruits furnishing food for birds is very limited and birds of the most varied structure and of every size will be found visiting the same tree. »

(2) Wallace y vécut de 1852 à 1864. C'est donc au cours de ce long séjour qu'il allait parvenir à la solution recherchée.

(3) *A Narrative...*, pp. 83-84 : « In all works on Natural History, we constantly find details of the marvellous adaptations of animals to their food, their habits, and the localities in which they are found. But naturalists are now beginning to look beyond this, and to see that there must be some other principle regulating the infinitely varied forms of animal life. It must strikes every one, that the number of birds and insects of different groups, having scarcely any resemblance to each other, which yet feed on the same food and inhabit the same localities, cannot have been so differently constructed and adorned for that purpose alone. »

(4) Chez Linné, les caractères des ordres étaient pris d'abord du bec et ensuite des pieds. Latham classifiait les passereaux en s'en tenant à la seule conformation du bec, comme fera à peu près Cuvier, attachant toutefois une certaine importance au degré de liberté des doigts. Cf. DAUDIN, *Les classes zoologiques*, I, pp. 171-177.

reclassification des passereaux (1). Une grande partie des divisions acceptées depuis Cuvier sont alors reconnues comme artificielles, résultant d'un pur rassemblement d'oiseaux très différents les uns des autres sur beaucoup de points importants et présentant des becs de structure semblable, à cause d'une communauté d'habitudes (2). Il en vient ainsi au problème rencontré quelque vingt ans plus tôt par Darwin : l'analogie ou la convergence, phénomène à distinguer des véritables affinités. Penser ainsi que les faits de convergence, qui sont des faits d'adaptation n'ont pas de valeur taxonomique, c'est aller à l'encontre de toute la tradition pour laquelle l'adaptation est un ajustement parfait et préétabli de l'organisme à son environnement, ajustement pour lequel à chaque être vivant est assignée sa place dans l'économie du globe. Chez Wallace comme chez Darwin, c'est par là qu'est sapée l'idée d'économie naturelle.

Cette classification nouvelle des passereaux donnée par Wallace au début de son séjour dans l'archipel malais s'intégrait dans le vaste projet qui avait motivé son départ d'Angleterre. Etudiant les collections du British Museum, il s'était en effet aperçu que, malgré tous les voyages entrepris à travers le monde depuis le XVIIIe siècle, la faune de l'archipel malais restait la plus mal connue de toutes, et il avait décidé de combler lui-même cette lacune (3). Il part donc avec des préoccupations de classificateur, mais aussi de zoogéographe, pour lui désormais inséparables (4), d'autant que la situation de l'archipel placé entre deux continents aux faunes très différentes, et constitué d'une multitude d'îles présentant souvent des particularités de distribution, allait lui fournir à cet égard un vaste champ d'observations (5).

Dès 1855, Wallace publie un article essentiel : « On the law which has regulated the introduction of new species » (6), où il prend ouvertement une position évolutionniste (cette position seule pouvant rendre compte d'un grand nombre de faits), tout

(1) WALLACE, Attempts at a Natural arrangement of birds, in *Ann. and Mag. of Nat. Hist.*, 1856, pp. 193-216.

(2) Pour une analyse sommaire de cet article, cf. W. GEORGE, *Biologist philosopher...*, pp. 51-53.

(3) *Ibid.*, p. 28.

(4) WALLACE a donné dans *Malay Archipelago : the land of the Orang-Utan and the Bird of Paradise. A Narrative of travel with studies of man and nature*, Londres, 1869, un récit de son séjour en s'attachant à expliquer la distribution particulière de la faune de cette région et en donnant une classification zoogéographique des îles visitées.

(5) Sur ces phénomènes de distribution, cf. GEORGE, *Biologist philosopher*, pp. 26-49.

(6) *Ann. Mag. of Nat. Hist.*, 1855, 16, pp. 184-196.

en reconnaissant ne rien savoir encore du processus de production des espèces nouvelles. A lire cet article, il est manifeste que pour Wallace, comme pour Darwin, le problème de l'origine des espèces est lié à celui de la distribution géographique des organismes.

Cette loi qui pour Wallace relie et fait comprendre une grande masse de faits jusque-là isolés, inexpliqués, consiste en ceci : chaque espèce a pris naissance en coïncidence géographique et chronologique avec une autre espèce alliée préexistante (1). Cette loi, il l'établit à partir de traits tirés de la distribution géographique des organismes et aussi de la géologie, étant entendu d'ailleurs que la distribution géographique des espèces dépend des changements géologiques (2). Pour Wallace, depuis la tentative de Linné, aucune explication satisfaisante n'a été fournie de la zoogéographie.

En s'appuyant sur les travaux géologiques récents, il admet que la distribution des continents, et des îles par rapport à ceux-ci, a connu des modifications majeures au cours du passé de la terre, et que de même la vie organique a été souvent modifiée, de telle sorte qu'à la fin d'une même période, il ne restait pas une seule des espèces existant à son commencement — et cela à plusieurs reprises. Or la distribution géographique actuelle ne peut dériver, par suite d'extinctions et de créations graduelles, que de l'état du monde organique au terme de la dernière époque géologique. Et de la considération des principaux faits connus à cet égard, il est possible de conclure à la loi plus haut citée.

Tirée principalement de considérations d'ordre géographique cette loi est renforcée, selon Wallace, par sa capacité d'expliquer quatre ordres de faits : 1) le système des affinités naturelles ; 2) la distribution géographique elle-même ; 3) la succession chronologique des organismes ; 4) les organes rudimentaires (3).

Ainsi, du côté de la taxonomie, la nouvelle loi rend compte de la série naturelle des affinités : celle-ci représente l'ordre d'apparition des espèces. La transformation successive des espèces est perçue, comme chez Darwin, selon la forme d'un arbre, les branches se divisant sans cesse pour donner naissance à de nombreux rameaux, les branches quasi parallèles entre elles sur un rameau correspondant à ce qu'on nommait « groupes représentatifs » (4). A cette distribution arborescente correspond

(1) *Ibid.*, pp. 186 et 196.
(2) *Ibid.*, pp. 184-186.
(3) *Ibid.*, p. 186.
(4) *Ibid.*, p. 187. Wallace rejoint ici encore Darwin, cf. *N.B.T.*, I, p. 221, *N.B.T.*, II, p. 140.

aussi l'impossibilité de trouver entre les groupes taxonomiques une harmonie numérique comme celle que cherchèrent vainement beaucoup de naturalistes dans les quarante premières années du siècle (1).

Quant à la distribution géographique, il est certain que les groupes endémiques correspondent à une situation d'isolement assez prolongée pour que des groupes d'espèces soient apparus à partir de types primitifs maintenant éteints. Si l'espèce primitive avait un vaste habitat, elle a pu ainsi produire des « groupes représentatifs ou analogues », l'isolement étant parfois procuré à un individu appartenant au type par des migrations fortuites, comme ce fut probablement le cas pour les îles Galapagos dont se trouve ainsi expliquée la curieuse distribution (2).

Pour ce qui est de la succession géologique, il est certain que les espèces semblables se trouvent associées dans les mêmes couches, et la transition d'une espèce à une autre paraît graduelle (3), c'est-à-dire que ces phénomènes « sont exactement analogues à ceux de leur distribution géographique ». Les espèces se sont éteintes pour laisser place à d'autres, différant des premières par transition graduelle. Cette extinction pour Wallace s'explique aisément selon les travaux de Lyell. La modification même très lente des conditions extérieures par les mouvements géologiques a créé des situations incompatibles avec l'existence de certaines espèces qui se sont éteintes progressivement, et peut-être même quelquefois soudainement, dans le cas d'espèces à très petite distribution. Toutefois, le processus de remplacement des espèces éteintes demeure inexpliqué (4). Enfin, la présence d'organes rudimentaires, mal explicable si chaque espèce a été créée séparément (d'autant qu'ils apparaissent comme des imperfections), s'explique dans l'hypothèse d'une transformation des espèces comme des transitions nécessaires (5).

Dans cet article, Wallace n'a encore aucune idée du méca-

(1) *Ibid.*, pp. 187-188.

(2) *Ibid.*, p. 188. Inversement, remarque Wallace, on ne connaît aucune île d'origine récente qui possède des familles, des genres ou même beaucoup d'espèces qui lui soient propres. Comme Darwin, il sait que l'isolement ne se mesure pas nécessairement à la distance, mais à l'efficacité des barrières.

(3) *Ibid.*, p. 190.

(4) *Ibid.*, p. 190. Wallace montre ensuite que, malgré toutes les difficultés apparentes que lui opposent certains phénomènes paléontologiques, son hypothèse, non seulement s'accorde avec les faits, mais encore les explique et même les implique.

(5) *Ibid.*, p. 195. Wallace allait plus tard revenir sur cette explication, la juger insatisfaisante, et s'en tenir à l'explication par avortement résultant d'un défaut d'usage.

nisme de production des espèces : l'extinction résulte d'un défaut d'adaptation à l'environnement et sert d'explication à de nombreux traits de l'arbre taxonomique. Mais c'est une extinction qui ne semble pas produite par une lutte pour l'existence. Tout tourne manifestement autour des questions de zoogéographie (1). Elles sont à la source de la loi proposée, et les principaux faits expliqués par celle-ci le sont en relation avec des considérations géographiques (2).

De 1855 à 1858, cherchant une explication de la production des espèces, c'est à partir encore des problèmes de distribution qu'il travaillera. En 1857 et l'année suivante, il publie deux nouveaux articles sur ce sujet : *On the natural history of the Aru Islands* (3) et *Note on the theory of permanent and geographical varieties* (4). Il montre dans le premier article, à partir de l'ornithologie comparée de Bornéo et de la Nouvelle-Guinée que les

(1) *My Life*, I, pp. 354-355 : « Having always been interested in the geographical distribution of animals and plants, having studied Swainson and Humboldt, and having now myself a vivid impression of the fundamental differences between the Eastern and Western tropics, and having also read through such books as Bonaparte's *Conspectus*, (...) and several catalogues of insects and reptiles in the British Museum (...), giving a mass of facts as to the distribution of animals over the whole world, it occured to me that these facts had never been properly utilized as indications of the way in which species had come into existence. The great work of Lyell had furnished me with the main features of the succession of species in time, and by combining the two, I thought that some valuable conclusions might be reached. » Et Bates, le 19 novembre 1856, écrivait à Wallace à propos de son article de 1855 : « What a noble subject would be that of a monograph of a group of beings peculiar to one region, but offering different species in each province of it tracing the laws which connect together the modifications of form and colour with the *local* circumstances of a province or station — tracing as far as possible the actual affiliation of the species », *in* WALLACE, *Letters and Reminiscences* (Marchant, édit.), I, pp. 64-65.

Dans un intéressant article, H. L. MCKINNEY (Alfred Russel Wallace and the Discovery of Natural Selection, in *Journal of the history of medecine and allied sciences*, 1966, XXI, pp. 333-357), a relativisé l'idée que Wallace est parvenu à sa solution par la voie de recherches de zoogéographie. Mais il ne nous explique nulle part *comment* ces recherches ont précisément abouti à la formulation de la solution. Faute de montrer comment la révision du concept d'adaptation est issue de ces recherches et entraîne le renversement de la conception traditionnelle de l'économie naturelle, le processus demeure peu compréhensible.

(2) On sait que cet article n'eut pas de succès. DARWIN toutefois écrivit à Wallace qu'il connaissait à peine : « ... I can plainly see that we have thought much alike and to a certain extent have come to similar conclusions. In regard of the Paper in the Annals, I agree to the truth of almost every word of your paper... », Lettre à Wallace, 1er mai 1857, in *Life and Letters*, I, p. 453. Cf. aussi Lettre à Wallace, du 22 décembre 1857 : « I am extremely glad to hear that you are attending to distribution in accordance with theoretical ideas », *ibid.*, p. 453.

(3) *Ann. Mag. Nat. Hist.*, 1857, 20, pp. 473-485.

(4) *Zoologist*, 1858, 16, pp. 5887 et suiv.

espèces n'ont pu, à moins d'incohérence du Créateur, faire l'objet de créations individuelles. Elles ont plutôt évolué l'une à partir de l'autre, compte tenu du temps et de l'isolement. L'article de 1857, c'est en quelque sorte une démonstration sur le terrain de la nécessité d'adopter la loi proposée en 1855 (1). L'année suivante, il s'attache à montrer que la différence quantitative entre deux espèces peut être identique à celle entre deux variétés ou une variété et une espèce. Cette différence ne peut donc permettre une identification rigoureuse des espèces qu'il définit : « Chaque groupe d'individus présentant des caractères permanents, même « légers ». Ainsi s'amenuise toute différence entre espèce et variété permanente, qu'aucun naturaliste, semble-t-il, ne tient pour une création distincte. Il n'y a donc pas de raison de supposer pour les espèces de telles créations (2).

Pour comprendre ce qui se passe entre ces articles et celui fameux de 1858, on ne dispose pas, comme pour Darwin, des *N.B.T.*, documents permettant une analyse développée. Les seules sources imprimées actuellement accessibles présentent les mêmes difficultés d'interprétation que l'*Autobiography* de Darwin : elles sont de cinquante ans postérieures à la découverte (3).

(1) WALLACE, *On the Natural History of the Aru Islands*, cf. p. 480, où il s'en prend à l'idée de Lyell selon laquelle il y a adaptation stricte entre les vivants et le milieu qu'ils habitent et qui suppose qu'à chaque bouleversement des conditions de vie, de nouvelles créations ont dû avoir lieu. Cela implique, écrit Wallace « that we shall find a general similarity in the productions of countries which resemble each other in climate and general aspect, while there shall be a complete dissimilarity between those which are totally oppose in this respect ». Or (p. 481), la distribution de la faune de l'archipel malais ne se conforme pas à cette loi. On pourrait difficilement trouver deux régions du monde où les conditions, sous tous les aspects, soient aussi similaires que Bornéo et la Nouvelle-Guinée, et pourtant la différence entre leurs productions animales ne porte pas seulement sur des espèces, mais sur des genres, des familles et même des ordres entiers.

(2) Pour une brève analyse de ces deux derniers articles, cf. GEORGE, *Biologist philosopher*, pp. 58-59.

(3) Ce sont l'autobiographie de WALLACE, *My Life* (1905), le texte d'un discours prononcé par Wallace en 1908 (Linnean Society, *The Darwin-Wallace Celebration (held on Thursday, 1st July 1908*, pp. 6 et suiv.) et une note publiée dans ce recueil « Note on the passages of Malthus's Principles of Population, which suggested the idea of Natural Selection to Darwin and myself », pp. 111 et suiv. Le texte du discours tente de répondre à la question : pouquoi Darwin et Wallace élaborèrent-ils la même solution ? Outre un certain nombre de raisons d'ordre psychologique, Wallace attribue cette coïncidence à leur intérêt commun pour les variations et les variétés (p. 8), à leurs voyages qui attirèrent leur attention sur les phénomènes de distribution et les phénomènes reliés (p. 9), enfin à la lecture de Malthus qui, un grand nombre de faits étant rassemblés, fit apparaître la solution en montrant l'existence d'un grand *system of positive checks*. On notera : 1) qu'il n'est pas fait mention de l'analogie entre les deux sélections ; 2) que la distribution géographique des organismes occupe la place centrale dans la recherche. M. L. MCKINNEY

Wallace avait lu en 1844 l'*Essay* de Malthus (1). Il ne semble pas que celui-ci ait joué aucun rôle dans la pensée de Wallace avant cette nuit de février 1858 où, se rappelant l'argument selon lequel les progénitures excèdent de beaucoup le nombre des survivants possibles, l'idée surgit que la mort ou la survie devait avoir pour cause l'infériorité ou la supériorité relative des organismes à l'égard de la lutte qu'ils doivent se livrer pour se nourrir. « Alors l'idée me frappa soudainement que ce processus améliorerait nécessairement la race parce qu'à chaque génération l'inférieur serait inévitablement tué tandis que demeurerait le supérieur — c'est-à-dire que le plus apte survivrait » (2).

Il racontera plus tard que ce n'est pas un passage particulier de Malthus qui déclencha le processus, mais le souvenir qu'il avait de l'effet cumulatif des chapitres III à XII du premier volume (3) de l'*Essay*.

Quoi qu'il en soit, c'est dans l'article de 1858 qu'apparaissent pour la première fois chez Wallace l'expression et l'idée d'une lutte pour l'existence (4), mais on notera que le nom de Malthus n'y figure pas.

Dans cet écrit, Wallace s'attache à démontrer deux choses. D'abord que toutes les variétés ne sont pas instables, et qu'une variété formée dans la nature ne retourne pas nécessairement au type. Ensuite, que ce sont ces variétés permanentes qui par le jeu de la lutte pour l'existence extirperont l'espèce type et avec le temps donneront des espèces nouvelles. Pour ce faire, il traitera des variétés produites en domestication, mais justement pour montrer que : « Des observations effectuées sur les variétés qui se produisent chez les animaux domestiques, on ne peut rien conclure en ce qui concerne les variétés à l'état de nature. Les deux phénomènes sont si opposés l'un à l'autre dans toutes les circonstances de leur existence que ce qui s'applique à

prépare actuellement une édition des carnets de notes inédits de Wallace conservés à la Linnean Society of London, cf. Alfred Russel Wallace and the Discovery of Natural Selection, in *Journal of the History of Medicine and Allied Sciences*, 1966, XXI, pp. 333-357.

(1) *My Life*, I, pp. 232, 240.

(2) *Ibid.*, p. 362 : « Then it suddenly flashed upon me that this self acting process would necessarily *improve the race*, because in every generation the inferior would inevitably be killed off and the superior would remain — that is, the fittest would survive. »

(3) Note on the passages..., p. 111. Ces chapitres décrivent les obstacles à l'accroissement des populations humaines n'appartenant pas à l'Europe contemporaine.

(4) On the tendency of varieties to depart indefinitely from the original type, in *Evol. by nat. sel.*, pp. 268-279. Cf. p. 269 : « The life of wild animals is a struggle for existence. »

l'un ne vaut à peu près certainement pas pour l'autre » (1).

L'idée que les variétés sont instables (2) et que par conséquent de nouvelles espèces ne peuvent se fixer, semble d'un grand poids vu le manque d'information sur les variétés sauvages. Cette position s'appuie sur le fait que les variétés domestiques rendues à l'état de nature perdent leurs particularités pour retourner au type de l'espèce. Mais en même temps, les systématiciens connaissent bien ces variétés permanentes ou vraies, ces races qui se perpétuent continuellement, et diffèrent si légèrement d'une autre race que l'une est considérée comme la variété de l'autre. En fait, quelle est la variété et quelle est l'espèce originale ? On ne tranche la question que dans les rares cas où l'une des deux races donne une progéniture qui ressemble plus à l'autre qu'à elle-même. Cela semble incompatible avec la conception des espèces immuables, mais on contourne cette difficulté « en assumant que de telles variétés ont de strictes limites et ne peuvent jamais les transgresser, bien qu'elles puissent faire retour au type de l'espèce, ce qui, par analogie avec les animaux domestiques, est considéré comme hautement probable, sinon comme prouvé avec certitude » (3).

Mais c'est oublier précisément que variétés domestiques et naturelles ne sont pas de même nature (4). Et le principe qui explique comment à l'état de nature les variétés tendent à s'écarter du type explique aussi que les variétés domestiques rendues à l'état de nature tendent quant à elle à revenir à la forme mère (5). A l'état de nature, la multiplication normale des individus des diverses espèces produit une lutte pour l'existence car la population animale du globe demeure à peu près stationnaire, ce qui signifie que chaque espèce ayant atteint sa population limite très peu d'années après son origine — même

(1) *Ibid.*, p. 277 : « No inference as to varieties in a state of nature can be deduced from the observation of those occuring among domestic animals. The two are so much opposed to each other in every circumstance of their existence, that what applies to the one is almost sure not to apply to the other. » On notera que cette attitude de Wallace est quasi identique à celle de Darwin dans les premiers *N.B.T.* Darwin toutefois croyait qu'il y avait intérêt à examiner les productions domestiques pour arriver à une explication de l'apparition des variations.

(2) Idée à laquelle il s'opposait dans son article du *Zoologist*, cf. n. 4, p. 94.

(3) On the tendency..., p. 268 : « By assuming that such varieties have strict limits, and can never again vary further from the original type, although they may return to it, which, from the analogy of domesticated animals is considered to be highly probable, if not certainly proved. »

(4) On se souvient que le 14 septembre 1838 Darwin émettait la même idée. Cf. *N.B.T.*, III, p. 107.

(5) On the tendency..., p. 269.

pour les espèces les moins prolifiques — il doit mourir chaque année à peu près autant d'individus d'une espèce qu'il en naît (1). Aussi l'abondance ou la rareté relative des individus des diverses espèces tient entièrement à leur organisation et aux habitus qui en résultent. Dans ces circonstances, toutes les variations par rapport à la forme type de l'espèce doivent avoir leur retentissement sur les habitudes et les possibilités des animaux. Ainsi toute espèce produisant des variants dotés de traits qui accroissent leurs capacités de survie, voit rapidement augmenter le nombre des individus de ces variétés qui, avec le temps dépasseront en nombre l'espèce mère. A la limite, celle-ci défavorisée dans la lutte pour l'existence se fera rare et disparaîtra : « Il peut y avoir plusieurs exceptions individuelles ; mais en moyenne la règle s'appliquera invariablement » (2).

Or de telles variétés ne peuvent retourner à l'espèce mère car tous les variants produits en direction de celle-ci ne peuvent résister à la compétition.

Entre les animaux domestiques et les variétés sauvages, la différence essentielle tient à ce que les animaux domestiques sont artificiels, dégénérés. Leur survie ne leur coûte rien, ils vivent grâce à la protection de l'homme. Les variations « favorables » ne peuvent chez eux s'accumuler nécessairement car elles y sont sans utilité, et inversement, toutes les variations ont une même chance de se perpétuer car elles n'ont pas d'incidence décisive sur le genre de vie. Or à l'état de nature un animal ne peut vivre que si toute son organisation fonctionne parfaitement. Dans ces conditions, « les variétés domestiques, quand elles retournent à l'état sauvage, *doivent* ou bien revenir à peu près au type de l'espèce sauvage ou bien s'éteindre » (3).

L'explication du retour au type des variétés domestiques rendues à l'état sauvage est donc en même temps, l'explication de la production des espèces nouvelles.

Chez Wallace, l'expression de « sélection naturelle » (pas plus que le terme de « sélection ») n'apparaît avant que Darwin l'ait fait passer dans le langage courant de l'histoire naturelle en publiant l'*Origine des espèces*.

(1) *Ibid.*, pp. 269-270, et p. 273. Si les conditions physiques d'une région varient, le nombre d'individus de chaque espèce variera aussi (p. 272).

(2) *Ibid.*, pp. 273-274 : « They may be many individual exceptions ; but on the average the rule will invariably be found to hold good. »

(3) *Ibid.*, p. 277 : « Domestic varieties, when turned wild, *must* return to something near the type of the original wild stock *or become altogether extinct.* »

Parti de considérations zoogéographiques et amené à refuser la conception traditionnelle de l'adaptation, Wallace comme Darwin renverse la conception traditionnelle de l'économie naturelle et élabore une explication de l'apparition des espèces nouvelles par le jeu de la lutte pour l'existence opérant automatiquement, en fonction de l'environnement et de ses modifications, une discrimination entre variants favorisés et individus défavorisés ou conformes au type. Pour Wallace découvrant la solution tant cherchée et la livrant au public immédiatement, le modèle explicatif, s'il voulait en présenter un, ce serait celui de Darwin dans le quatrième *N.B.T.* comparant la nature à des coins répartis sur une surface et continuellement enfoncés les uns contre les autres. De sélectionneur et de passage de l'artifice à la nature par cette voie, il n'est pas question. Une des fins du texte de 1858 consiste précisément à expliquer pourquoi.

Or, curieusement, et parce qu'on a cru que cela s'était ainsi passé chez Darwin, on a souvent soutenu que Wallace puisqu'il en était arrivé à la même solution avait dû passer de la sélection artificielle à la sélection naturelle, et cela en dépit des textes connus. Ainsi W. George, dans un livre par ailleurs remarquable, écrit : « Il semble y avoir peu de doute que la formulation de la théorie de la sélection naturelle fut stimulée chez Darwin et chez Wallace, d'une part, par leur conscience de l'élevage sélectif des animaux domestiques pratiqué surtout en Angleterre depuis le XVIIIe siècle et, d'autre part, grâce à leur expérience des tropiques, par leur connaissance de la somme de variabilité entre individus à l'état sauvage, etc. » (1), ou encore C. F. A. Pantin dans un article précisément consacré aux textes de 1855 et 1858 : « Tous deux prirent la variation des animaux et des plantes domestiques comme point de départ. Tous deux notèrent le pouvoir de la sélection en domestication » (2).

(1) GEORGE, *Biologist philosopher...*, p. 68 : « There seems little doubt that the formulation of the theory of natural selection was stimulated in both Darwin and Wallace by, on the one hand, their awareness of the selective breeding of domestic animals practised preeminently in England since the eighteenth century, and on the other hand by their awareness from experience in the tropics of the amount of variability between individuals in the wild, etc. »

(2) C. F. A. PANTIN, Alfred Russel Wallace, F.R.S., and his Essays of 1855 and 1858, in *Notes and Rec. of the Royal Soc.*, Londres, 1959, 14, pp. 67-84, cf. p. 77 : « Both took the variation of domestic animals and plants as their starting-point. Both, noted the power of domestic selection. » Cf. aussi L. EISELEY, Alfred Russel Wallace, in *Scientific American*, 1959, 200, n° 2, pp. 70 et suiv. Page 76, Eiseley parle d'une « duplication » de la théorie darwinienne par Wallace.

On sait quel choc fut pour Darwin la réception de la lettre de Wallace lui demandant de communiquer à Lyell le texte de 1858 s'il le jugeait valable (1). Il écrit à Lyell : « Je n'ai jamais vu plus frappante coïncidence. Si Wallace avait eu en sa possession mon essai manuscrit de 1842, il n'aurait pas pu en donner un meilleur résumé : même ses termes sont identiques à ceux qui me servent maintenant de titres de chapitres » (2). Comme il l'écrira ensuite à Lyell puis à Wallace lui-même, leur seule divergence de vue aurait porté sur la « sélection artificielle » : « Nous nous distinguons l'un de l'autre seulement en ce que je fus conduit à mes vues à partir de la considération de ce qu'avait réalisé pour les animaux domestiques la sélection artificielle » (3).

Or, on l'a vu au chapitre qui précède, Darwin n'a pas procédé ainsi : les *Notebooks* montrent que le rapport entre domestication et processus naturel de production d'espèces n'a été saisi que le 16 décembre 1838 (4), soit environ dix semaines après la découverte de la solution. En 1858, vingt ans après, Darwin pouvait télescoper ces dix semaines d'autant que, inconsciemment, le choc reçu par la lettre de Wallace devait le pousser à se réserver au moins quelque originalité.

Canguilhem a marqué que, malgré l'affirmation de Darwin, le texte de Wallace est bien loin d'être identique à l'*Esquisse* darwinienne de 1842. D'abord, il y a l'absence chez Wallace des termes sélection et sélection naturelle (5). Ensuite tous deux ne s'attachent pas aux mêmes effets de la lutte pour l'existence,

(1) *Life and Letters*, I, pp. 472-502. *Autobiography*, pp. 121-122. Pour un exposé des questions soulevées par cet événement : G. Canguilhem, *Les concepts...*, surtout pp. 10-16.

(2) Lettre à Lyell, 18 juin 1858. *Life and Letters*, I, p. 473 : « I never saw a more striking coincidence. If Wallace had my MS. sketch written out in 1842, he could not have made a better short abstract : even his terms now stand as heads of my chapters. »

(3) Lettre à Lyell, 25 juin 1858, *Life and Letters*, I, p. 474 : « We differ only [in] that I was led to my views from what artificial selection has done for domestic animals. » Cf. aussi lettre à Wallace, 6 avril 1859, *in* Wallace, *Letters and Reminiscences*, I, p. 136 : « You are right, that I came to the conclusion that Selection was the principle of change from study of domestic production ; and then reading Malthus I saw at once how to apply this principle. Geographical distribution and geographical relations of extinct to recent inhabitants of South America first led me to the subject. Especially the case of the Galapagos Islands. »

(4) *N.B.T.*, IV, p. 71.

(5) Canguilhem, *Les concepts...*, p. 13 : « Dans la mesure où les idées de Darwin semblaient se ranger sous l'expression de sélection naturelle comme sous un étendard, ne faut-il pas trouver d'abord étrange que Darwin reconnaisse ses propres idées, au point de redouter la possibilité d'une contestation de paternité, dans l'écrit d'un auteur d'où sont absents les mots clés ? »

Wallace ne se montrant sensible qu'aux effets d'adaptation. Finalement, il n'est dans le mémoire de Wallace nulle part question de sélection sexuelle (1). « Si Darwin a retrouvé dans l'écrit de Wallace l'essentiel de ses propres idées, en dépit de l'absence des termes de *sélection naturelle*, c'est que ces termes ne désignaient déjà dans sa pensée rien d'autre que la totalisation de certains éléments conceptuels (...) ... la sélection naturelle n'est rien d'autre, une fois donnée la variabilité, que l'effet nécessaire de la concurrence vitale (...). Mais si Darwin a pu négliger de relever dans le mémoire de Wallace l'absence d'un concept qui contenait avant tout, pour lui, la référence à un *modèle d'explication intermédiaire*, c'est parce qu'il trouvait, dans ce mémoire, la présence d'un même *modèle d'explication fondamental*, le modèle économique malthusien » (2).

En fait, si tout en relevant dans sa correspondance sa « différence » d'avec Wallace, Darwin ne l'a pas perçue comme autre chose qu'un *accident* n'affectant pas la nature des thèses soutenues, c'est que justement pour lui-même la liaison de la sélection artificielle à la sélection naturelle avait été un *accident* et nullement un pré-requis de la découverte. Ce qui importe en effet chez les deux auteurs, c'est l'idée d'une lutte pour l'existence régulatrice du devenir du monde organique (3). Et c'est aussi que dans les *N.B.T.*, même après la mise en place de la solution, les termes de *sélection artificielle*, *sélection naturelle* ou même de *sélection* n'apparaissent jamais.

2. *Le cas Matthew*

Mais l'idée d'une sélection naturelle se trouve dans un ouvrage de Matthew publié en 1831 (4). Darwin en traite dans l'Introduction qu'il donna à l'*Origine des espèces* à partir de la

(1) *Ibid.*, p. 14.
(2) *Ibid.*, pp. 14-15.
(3) Cette idée, en soi, n'est pas malthusienne. On la trouve, on l'a vu, chez tous les partisans d'une économie naturelle. Et chez Darwin, au moins, ce qui a joué ce n'est pas l'emprunt à Malthus de l'idée d'une lutte, mais seulement l'idée d'une « pression » exercée sur les populations (les coins) par le seul jeu des taux de reproduction. Cf. Lettre à Asa Gray, 5 septembre 1857, *Life and Letters*, I, p. 480 : « The elder de Candolle, W. Herbert, and Lyell, have written strongly on the struggle for life ; but even they have not written strongly enough. »
(4) P. MATTHEW, *On Naval Timber and Arboriculture*, Londres, 1831. Pour les principaux passages évolutionnistes de cet ouvrage, cf. appendice (B), p. 155.

3e édition (1). Après avoir affirmé qu'on trouve dans le travail de Matthew les mêmes vues sur l'origine des espèces que celles proposées par Wallace et lui-même, en marquant toutefois que les idées de Matthew étaient présentées en ordre dispersé, il ajoute : « La différence entre les vues de M. Matthew et les miennes est de peu d'importance. Je ne suis pas certain de comprendre certains passages, toutefois, il semble qu'il attribue beaucoup d'influence à l'action directe des conditions de vie. Néanmoins, il a clairement vu toute la force du principe de la sélection naturelle » (2).

Pendant près d'un siècle, personne n'a douté du fait que Darwin, comme il l'a affirmé, ait ignoré l'ouvrage de Matthew jusqu'en 1860. Or en 1959, Loren Eiseley n'a pas hésité à affirmer que Darwin connaissait Matthew dès 1844 et même déjà en 1842 (3). Cette accusation a été reprise en 1961 par Darlington (4), qui ne craint pas d'écrire que la conduite de Darwin est en deçà de l'intégrité intellectuelle moyenne (5), et n'hésite pas à faire de Matthew un transformiste plus moderne que Darwin.

Disons au départ qu'en 1838 Darwin ne connaissait pas encore Matthew. Son nom n'apparaît jamais dans les *N.B.T.* pas même dans les listes d'ouvrages à lire, non plus que dans le Ms. 119 qui comprend les titres d'ouvrages lus par Darwin de 1838 à 1851 (6).

(1) Sur les réclamations de Matthew et la réaction de Darwin en 1860 : *Life and Letters*, I, pp. 95-96.

(2) C. DARWIN, *Origin of species* (Darlington), p. 3. « In 1831, Mr. Patrick Matthew published his work in which he gives precisely the same view on the origin of species as that (...) propounded by Mr. Wallace and myself (...) unfortunately the view was given by Mr. Matthew very briefly in scattered passages in an Appendix to a work on a different subject, so that it remained unnoticed until Mr. Matthew himself drew attention to it in the *Gardener's Chronicle*, on April 7th 1860. The difference of Mr. Matthew's view from mine are not of much importance (...). I am not sure that I understand some passages ; but it seems he attributes much influence to the direct action of the conditions of life. He clearly saw, however, the full force of the principle of natural selection. »

(3) L. EISELEY, *Charles Darwin, Edward Blyth...*, cf. pp. 109 et suiv.

(4) C. D. DARLINGTON, *Darwin's place in history*, New York, Macmillan, 1961.

(5) *Ibid.*, p. 60 : « Cannot been reconciled with even average intellectual integrity. »

(6) (B.U.C.). Notons enfin que l'ouvrage de Matthew appartenant à la Bibliothèque de Darwin est conservé à Cambridge et porte sur la couverture intérieure la mention : « C. Darwin, ap. 13th 1860 ». Ce livre aurait donc été acheté dans la semaine qui a suivi la parution du premier article de MATTHEW dans le *Gardener's Chronicle*.

Les arguments sur lesquels se fonde Eiseley sont les suivants :

a) La ressemblance d'un passage de l'*Essai de 1844* avec un paragraphe de l'ouvrage de Matthew, ressemblance qui ne dépasse pas, au demeurant, la similitude de langage à attendre de deux personnes qui traitent une même question d'un point de vue similaire (1).

b) La suppression de ce passage dans l'*Origine des espèces* et sa réapparition dans les *Variations* (2), c'est-à-dire après que la découverte de Matthew eut été rendue publique ; à quoi on peut répondre que Darwin n'ayant publié l'*Origine* que comme extrait d'un ouvrage plus vaste à paraître, beaucoup de points passés sous silence en 1859 devaient réapparaître dans les *Variations*.

c) Darwin a déclaré en 1860 à propos de Matthew qu'il n'y avait pas à s'étonner qu'il n'eût pas connu plus tôt la découverte de ce dernier puisqu'elle était publiée dans un ouvrage sur les bois propres à la construction navale (3). Pour Eiseley cet argument de Darwin est singulièrement affaibli par le fait qu'il écrivait plus tôt : « Toutes mes notions sur la cause du changement des espèces dérivent d'une longue étude des ouvrages des agriculteurs et des horticulteurs » (4). A cet égard, on se rappellera que l'ouvrage de Matthew se présente avant tout comme traitant des moyens d'obtenir les bois requis pour la construction navale et que Darwin n'a évidemment pu tout lire. Par ailleurs, ce dernier texte de Darwin est postérieur à 1858 et à ce moment Darwin parle de tout ce qu'il a lu jusqu'alors, au lieu que n'importent ici que les lectures des années 1838-1844 (5). Or, pendant ces années, au cours desquelles Darwin a noté ses lectures, on l'a dit, l'ouvrage de Matthew n'apparaît jamais.

d) L'expression « sélection naturelle » remarque Eiseley n'apparaît pas dans l'*Esquisse de 1842* ; on la trouve pour la première fois dans l'*Essai de 1844*, mais dans les deux textes, Darwin utilise l'expression « natural means of selection », expression voisine dit Eiseley de

(1) *Evol. by nat. sel.*, p. 108 : « In the case of forest trees raised in nurseries, which vary more than the same trees do in their aboriginal forests, the cause would seem to lie in their not having to struggle against other trees and weeds, which in their natural state doubtless would limit the conditions of their existence. » MATTHEW, *Naval Timber...*, p. 308 : « Man's interference, by preventing this natural process of selection among plants, independent of the wider range of circumstances to which he introduces them, has increased the difference in varieties particularly in the more domesticated kinds. »

(2) Vol. II, p. 287.

(3) Lettre à Lyell, 10 avril 1860, *Life and Letters*, II, p. 95.

(4) Cité par EISELEY, *Charles Darwin, Edward Blyth...*, p. 110 : « All my notions about *how* species change are derived from long continued study of the works of agriculturists and horticulturists. »

(5) Dans le domaine de l'horticulture et de l'arboriculture, de 1839 à 1844, le Ms. 119 (B.U.C.), fait référence à plus de vingt travaux et à des collections de revues. Darwin n'a donc pas besoin d'avoir lu Matthew pour avoir un droit à parler de ses lectures en ce domaine.

l'expression de Matthew : « natural process of selection » (1). En fait, dès le moment où apparaît le terme de « sélection », vu l'usage qui en est fait chez ces auteurs, de pareilles similitudes ne peuvent étonner (2).

Avant octobre 1838, Darwin avait lu des ouvrages traitant de la domestication et utilisant fréquemment le terme de *sélection* comme par exemple les ouvrages de Sebright et Wilkinson. Mais lui-même n'utilisa jamais le terme, même dans les passages où il opposait justement la production des races domestiques qui requiert un agent sélectionneur et la nature où n'existe aucune puissance capable de n'isoler que les variants présentant des traits correspondant à une fin recherchée (3). Et quand Darwin fera dans les *N.B.T.* pour la première fois la jonction entre les deux processus de discrimination de variants, le processus naturel par lutte pour l'existence et le processus artificiel par l'homme, il n'utilisera pas le terme de *sélection* mais parlera de « man arbitrarily destroying certain forms and not others » (4). De 1838 à 1842, Darwin allait lire et relire un grand nombre d'ouvrages sur la domestication. Beaucoup de ces ouvrages sont copieusement annotés, mais il est presque toujours très difficile d'utiliser ces annotations pour saisir le développement de la pensée de Darwin, la chronologie des diverses annotations étant incertaine.

Dans l'*Origine des espèces*, quand Darwin, au premier chapitre, décrit la plasticité des organismes sur lesquels opèrent

(1) Eiseley, *Charles Darwin, Edward Blyth...*, p. 110.

(2) Pour justifier sa thèse, Eiseley eût sans doute été content de savoir que l'on trouve dans le Ms. 119 (B.U.C.) que le 12 mars 1842, quelque trois mois avant la rédaction de l'*Esquisse de 1842* (cf. *Darwin's Journal*, p. 10), Darwin examina les tomes 7 et 8 du *Gardener's Magazine* (les volumes 2 à 13 (1827-1837) de ce périodique se trouvent dans la bibliothèque de Darwin). Or, au tome 8 (1832) on trouve dans la chronique des livres reçus sous le titre de l'ouvrage de Matthew un résumé de celui-ci, avec, sur l'appendice, la remarque suivante (p. 703) : « This may be truly termed in a double sense an extraordinary part of the work. One of the subjects discussed in this appendix is the puzzling one of the origin of species and varieties ; and if the author has hereon originated no original views (and of this we are far from certain), he has certainly exhibited his own in an original manner. » Darwin ne prit jamais connaissance de ces lignes : 1) les marges sont vierges ; 2) dans la table des pages contenant, de son point de vue, les matières intéressantes, dressée par Darwin à son habitude sur la couverture du volume, ne figurent pas celles de ce compte rendu.

(3) Ainsi, par exemple, les travaux de Sebright et Wilkinson sont mentionnés (*N.B.T.*, II, p. 133). Il est manifeste, là encore, que ces auteurs ne sont lus par Darwin que dans l'espoir d'y trouver des vues ou des faits nouveaux concernant 1° l'origine des variations ; 2° les mécanismes de transmission des traits héréditaires.

(4) *N.B.T.*, IV, pp. 71-72.

ces éleveurs, il renvoie ses lecteurs à trois auteurs, Somerville, Sebright et Youatt dont il parle en ces termes : « Youatt qui fut probablement mieux informé des travaux des agriculteurs que presque toute autre personne, et qui fut lui-même un très bon juge en matière d'animaux, parle du principe de la sélection comme de celui qui permet à l'agriculteur non seulement de modifier le caractère de son troupeau, mais de le changer entièrement » (1).

Or, précisément Darwin lut les principaux travaux de Youatt en 1839-1840 (2). Ainsi en mars 1840, lisant le *Cattle* de cet auteur, Darwin marque dans les marges de nombreux passages traitant de la nécessité de la sélection en domestication et même au haut d'une page où ce terme ne figure pas, inscrira une courte note utilisant ce terme, ce qui marque peut-être le moment où il le prend à son compte. Et en avril 1841 (3) annotant un ouvrage nouvellement paru d'Isidore Geoffroy Saint-Hilaire, à propos d'un passage où traitant de la formation des races domestiques Geoffroy Saint-Hilaire ne mentionnera pas le choix fait par l'homme des seuls caractères qui lui conviennent, Darwin écrira en marge : « does not allude to selection » (4).

Au terme du quatrième *N.B.T.* Darwin, on l'a vu, joignait pour la première fois processus de formation des espèces et formation des races domestiques. Vers 1840, le terme de sélection apparaît chez lui. Dès lors, il ne faut pas s'étonner de le retrouver dans le texte de 1842 et point n'est besoin de faire appel à un emprunt inavoué à Matthew pour rendre compte de cela.

Devant l'agressivité des réclamations publiques de ce dernier, Darwin sans doute a craint de paraître vouloir tenir absolument à la priorité, d'où dans son Introduction à l'*Origine des espèces* une appréciation trop flatteuse de son devancier.

(1) *Origin of species* (éd. Mayr), p. 31, « Youatt who was probably better acquainted with the works of agriculturists than any other individual, and who was himself a very good judge of an animal, speaks of the principle of selection as that which enables the agriculturist, not only to modify the character of his flock, but to change it altogether. It is the magician's hand, by means of which he may summon into life whatever form and mould he pleases. »

(2) Ms. 119 (B.U.C.). W. Youatt, *The Horse, with Treatise on Draught*, Library of Useful Knowledge, 1831. Lu en décembre 1839. *Cattle, their Breeds, Management and Disease*, Libr. of Us. Know., 1834. Lu en mars 1840. *On Sheep*. Lu en octobre 1840. On notera par ailleurs que les travaux de Lord Somerville ne sont pas mentionnés dans les *N.B.T.* et que d'après le Ms. 119, Darwin ne les a pas lus pendant la période qui nous retient ici.

(3) Ms. 119.

(4) I. Geoffroy Saint-Hilaire, *Essais de zoologie générale*, Paris, Roret, 1841, p. 240.

Il faut ici citer les passages essentiels de l'ouvrage rarissime de Matthew (1).

D'abord ses formules ne permettent pas de mettre en cause le transformisme de Matthew : « A travers ce volume, nous avons été considérablement gêné par l'adoption de la classification dogmatique des plantes, et nous avons été continuellement empêtré entre les espèces et les variétés, qui, certainement, à l'état cultivé, se fondent les unes dans les autres. Une conformité particulière nommée .l'espèce existe sans doutc à un degré considérable pour chaque sorte de plante à l'état adulte » (2).

Néanmoins, les géologues ont montré une conformité particulière aux faunes de chaque époque et une différence complète entre les faunes de deux époques différentes. Pour expliquer ce phénomène deux solutions seulement sont possibles : « Ou bien une création miraculeuse répétée ; ou un pouvoir de changement, dans des circonstances changeantes, appartenant à la matière vivante organisée, ou plutôt à l'amas de la vie inférieure, qui semble être l'origine de la supérieure. Les changements dans l'existence organisée, provoquée par un changement des circonstances dû à l'ingérence de l'homme, nous fournissent une preuve de la nature plastique de la vie supérieure, et la probabilité que les circonstances aient été différentes aux différentes époques, bien que régulières pour chacune, tend à augmenter fortement la probabilité de la dernière théorie » (3). A l'hypothèse des créations successives, Matthew préfère donc celle d'une puissance de changement corrélative aux modifications de l'environnement. Quelle est la nature de ce processus d'adéquation de l'organisme à l'environnement ? Il semble parfois que ce soit un processus de type dit lamarckien : « Est-il antiphilosophique de conclure que

(1) Pour les passages pertinents de Matthew, cf. ci-après, Appendice (B), p. 155.

(2) MATTHEW, *Naval Timber...*, p. 381 : « Troughout this volume, we have felt considerable inconvenience, from the adopted dogmatical classification of plants, and have all along been floundering between species and variety, which certainly under culture soften into each other. A particular conformity, each after its own kind, when in a state of nature, termed species, no doubt exists to a considerable degree. »

(3) *Ibid.*, pp. 381-382 : « Either a repeated miraculous creation ; or a power of change under a change of circumstances, to belong to living organized matter, or rather to the congeries of inferior life, which appear to form superior. The changements and changes in organized existence, induced by a change of circumstance from the interference of man, affording us proof of the plastic quality of the superior life, and the likelihood that circumstances have been different in the different epochs, though steady in each, tend strongly to heighten the probability of the latter theory. » Page 384, il refuse que les espèces nouvelles puissent apparaître par croisement d'espèces.

les êtres vivants dont il est prouvé qu'ils ont un pouvoir d'accommodement aux circonstances — un très léger changement des circonstances par la culture entraînant un changement correspondant — peuvent s'être accommodés eux-mêmes graduellement aux variations des éléments qui les environnent, et sans nouvelle création, avoir présenté les phénomènes divergents et changeants de l'existence organisée passée et présente » (1). Mais en fait, même s'il ne récuse pas cette explication de l'apparition des variations nouvelles, ce n'est pas à elle qu'il s'en tient pour expliquer l'accumulation des variations dans un même sens, et par là les transformations des espèces. Matthew a saisi le mécanisme de la sélection naturelle par le jeu de la lutte pour l'existence impliquée dans la multiplication des naissances : « Comme la nature dans toutes ses modifications de la vie a un pouvoir d'accroissement bien au-delà de ce qui est requis pour remplacer ce qui disparaît par suite du vieillissement, les individus qui ne possèdent pas la force requise, la rapidité, le courage ou la ruse, succombent prématurément sans se reproduire, victimes de leurs prédateurs naturels, ou de la maladie, généralement à cause d'un manque de nourriture, leur place étant occupée par les organismes les plus parfaits de leur espèce, qui s'emparent des moyens de subsistance » (2). Pour Matthew, la multiplication des variétés cultivées et leur conservation viennent de ce que l'homme interfère « en empêchant ce processus naturel de sélection » (3), aussi ne sont-elles pas viables à l'état de nature, « n'ayant pas subi la sélection suivant la loi de la nature » (4).

Ne viennent d'être cités que les textes les plus clairs et les plus favorables à Matthew. Ils donnent à penser que Matthew

(1) *Ibid.*, p. 382 : « Is the inference then unphilosophic, that living things which are proved to have a circumstance-suiting power — a very slight change of circumstance by culture inducing a corresponding change of character — may have gradually accomodated themselves to the variations of the elements containing them, and, without new creation, have presented the diverging changeable phenomena of past and present organized existence. » Aussi pp. 385-386 : « This circumstance-adaptive law, operating upon the slight but continued natural disposition to sport in the progeny (seedling variety), does not preclude the supposed influence which volition or sensation may have over the configuration of the body. »

(2) *Ibid.*, pp. 364-365 : « As nature, in all her modifications of life, has a power of increase far beyond what is needed to supply the place of what falls by Time's decay, those individuals who possess not the requisite strength, swiftness, hardihood, or cunning, fall prematurily without reproducing either — a prey to their natural devourers, or sinking under disease, generally induce by want of nourishment, their place being occupied by the more perfect, who are pressing on the means of subsistence. » Cf. aussi pp. 384-385.

(3) *Ibid.*, pp. 307-308 : « By preventing this natural process of selection. »

(4) *Ibid.*, p. 387 : « Not having undergone selection by the law of nature. »

a parfaitement saisi le caractère automatique et non finaliste de la sélection naturelle. Mais il existe une lettre de Matthew à Darwin qui remet en question cette interprétation : il y écrit que l'arrangement de la nature implique un dessein et un pouvoir constructeur s'exerçant par les lois générales éternelles. Il ne doute pas qu'un principe bienfaisant soit à l'œuvre, comme l'implique l'affection familiale rendue possible par les habitus des animaux supérieurs, ou la beauté répandue dans la nature. Cette beauté ne peut être l'œuvre de la sélection naturelle : elle nous renvoie à un dessein, une intention (1).

Tout se passe comme si Matthew ne comprenait pas le sens du principe qu'il avait énoncé. Si la nature est finalisée quant à la transformation des espèces, il n'y a plus de sélection naturelle au sens où le terme est entendu depuis Darwin. Or c'est bien le cas si l'apparition de la sexualité, de certaines formes de vie sociale, et l'arrangement des formes de fleurs sont issus d'une intelligence et d'une bonté qui régissent le monde. Il se peut que Darwin ait eu tort en attribuant tout à la sélection naturelle, mais il est certain que les ressorts de la sélection naturelle de Darwin ne coïncident pas avec ceux que lui attribue Matthew.

On ne possède pas les papiers de Matthew, on ne sait quasi rien de sa vie (2). On ne saura jamais retracer dans les détails l'exact cheminement qui le conduisit à formuler en 1831 ses idées sur les espèces. Dans l'Introduction à l'*Origin of species*, Darwin donne à ce sujet de maigres informations à l'effet que Matthew lui aurait écrit avoir saisi l'idée de la sélection naturelle intuitivement sous la forme d'une évidence, comme en une sorte de vision globale (3). C'est-à-dire que nous ne connaissons

(1) Lettre du 12 mars 1871, *in* Gavin de Beer, Some unpublished Letters of Charles Darwin, in *Notes and Rec. Royal Soc. London*, 1959, 14, pp. 12-66 ; cf. p. 42 : « There cannot be a doubt that in the scheme of nature there exists high design and constructive power carried out by general laws, and the great probability is, that these laws are everlasting, as Nature itself is, tho' under these laws are subject to revolution. (...) That there is a principle of beneficence operating here, the dual partage and family affection pervading all the higher animal kingdom affords proof. A sentiment of beauty pervading Nature, with only some few exceptions affords evidence of intellect and benevolence in the scheme of Nature. This principle of beauty is clearly from design and cannot be accounted for by natural selection. Could any fitness of things contrive a rose, a lilly, or the perfume of the violet. »

(2) Sur ce point, cf. L. Eiseley, *Darwin's Century*, p. 125 et W. T. Calman, Patrick Matthew, in *Journal of Botany*, 1912, 50, pp. 193-194.

(3) *Origin of species* (éd. Peckham), Intr. 28-30 : « In answer to a letter of mine (...) fully acknowledging that Mr. Matthew had anticipated me, he with generous candour wrote a letter (...) containing the following passage : — « to me the conception of this law of Nature came intuitively as a self-

de la découverte que ses circonstances psychologiques qui, comme toujours, ne peuvent avoir pour l'historien des sciences valeur d'explication.

L'évolution des espèces selon un processus saisi par Matthew sans effort et comme un *a priori* de la nature, il se pourrait bien que lui au moins en ait tiré l'idée d'aperçus sur l'action sélective exercée par l'homme sur les races cultivées (1). Mais aussi la sélection naturelle de Matthew, si elle a été inférée des situations où s'exercent par l'homme des activités sélectives, qui fait si bon ménage avec une finalité des transformations du vivant, c'est celle que Flourens attribuait faussement à Darwin : « S'entraidant la concurrence vitale et l'élection naturelle mènent toutes choses à bonne fin » (2). Comme si la théorie à son terme gardait l'empreinte d'un modèle finaliste. Chez Matthew, qui sûrement ne passa pas par les méandres de la problématique de la distribution géographique, il n'est pas question d'isolement, et un doute plane quant au mécanisme de substitution des espèces. Matthew, comme déjà Eiseley l'a reconnu (3), publia son ouvrage au moment où Lyell donnait le premier tome de ses *Principles of Geology*, c'est-à-dire en pleine période catastrophiste, et présente lui aussi des vues catastrophistes (4). L'originalité très particulière de Matthew réside dans sa conciliation du catastrophisme et du transformisme. Il n'y a pas de création nouvelle à chaque catastrophe, mais alors destruction de la plupart des

evident fact, almost without an effort of concentrated thought. Mr. Darwin here seems to have more merit in the discovery then I have had ; to me it did not appear a discovery. He seems to have worked it out by inductive reason, slowly and with due caution to have made his way synthetically from fact to fact onwards ; while with me it was by a general glance at the scheme of Nature that I estimated this select production of species as an a priori recognisable fact — an axion requiring only to be pointed out to be admitted, by unprejudiced minds of sufficient grasp. »

(1) Ainsi, avant qu'il soit question dans le texte de problématique évolutionniste, on trouve chez MATTHEW quelques passages ayant trait à la sélection exercée par l'homme. *V.g.*, *Naval Timber*, p. 107.

(2) FLOURENS, *Examen du livre de M. Darwin sur l'origine des espèces* (1864), cité *in* G. CANGUILHEM, *Les concepts...*, p. 14.

(3) L. EISELEY, *Darwin's Century*, pp. 127-128.

(4) *V.g.*, MATTHEW, *Naval Timber...*, pp. 382-383 : « The destructive liquid currents, before which the hardest mountains have been swept and comminuted into gravel, sand, and mud, which intervened between and divided these epochs, probably ending over the whole surface of the globe and destroying nearly all living things, must have reduced existence so much, than an unoccupied field would be formed for new diverging ramifications of life, which, from the connected sexual system of vegetables, and the natural instincts of animals to herd and combine with their own kind, would fall into specific groups, these remnants in the course of time, moulding and accomodating their being anew to the change of circumstances and to every possible means of subsistence... »

vivants par modification des conditions physiques, naissance d'un environnement nouveau auquel doivent s'adapter les individus restants qui, vu la facilité des organismes à se multiplier, ne tardent pas à repeupler le globe. Pour Matthew, semble-t-il, malgré l'occurrence de la lutte pour l'existence en permanence entre vivants, il faut, pour expliquer les ramifications divergentes, les grandes catastrophes géologiques qui ouvrent de nouveaux champs dans l'économie de la nature, créant des « places » nouvelles, et par là traçant des voies aux adaptations divergentes. Il n'en va pas de même chez Darwin qui entend, en disciple de Lyell, faire l'économie de toutes les catastrophes et n'expliquer l'apparition de ces nouvelles places dans l'économie naturelle que par des changements physiques graduels, ou par le processus même de la sélection naturelle. La solution de Darwin au problème majeur de la « divergence » différera entièrement de celle de Matthew.

Enfin, une distinction d'importance entre les deux auteurs tient à ce que Matthew ne paraît pas s'être bien rendu compte de la portée des concepts qu'il maniait : il publie en 1831 ses idées dans un obscur appendice à un livre traitant d'une autre question, ne les développe pas, et n'en reparle plus jusqu'au moment où Darwin publie son grand ouvrage. Non seulement la sélection naturelle de Matthew n'est pas celle de Darwin, mais son transformisme n'est qu'un transformisme de rencontre dont il n'a pas même saisi l'aspect révolutionnaire, la totale remise en cause de toutes les systématisations sur le vivant.

3. *Wells et Lawrence*

On retrouve pareille situation chez William Charles Wells dans lequel on a vu depuis cent ans un anticipateur de Darwin. Wells a lu à la Royal Society en 1813 un court mémoire qui fut publié en 1818 en appendice à un ouvrage traitant de tout autre chose (1). Darwin remarque au sujet de Wells « il reconnaît

(1) W. C. Wells, *An account of a female of the White Race of Mankind, Part of Whose skin Resembles that of a negro ; with some observations on the cause of the differences in colour and form between the white and negro races of men, in Two Essays : one upon Single vision with two eyes ; The other on Dew*, Londres, 1818.

Ce texte de quatorze pages, dans l'édition originale, a été reproduit pour l'essentiel dans l'ouvrage plus accessible de Darlington, *Darwin's place in history*, Appendix, pp. 85-90. Sur Wells anticipateur de Darwin, cf. R. H. Shryock, The strange case of Wells theory of Natural Selection (1813) : Some comments on the Dissemination of Scientific Ideas, in *Studies and*

distinctement le principe de la sélection naturelle, et c'est le premier à l'avoir fait, mais il l'applique seulement aux races humaines, et à certains de leurs caractères seulement » (1).

Contre cette appréciation, Kofoid a opposé que Wells a explicitement appliqué sa théorie aux animaux aussi bien qu'aux hommes (2). Ici aussi, comme pour Matthew, citons les passages clefs du texte de Wells : « La capacité de deux races à supporter impunément les causes de plusieurs maladies est peut-être le trait à propos duquel elles peuvent le plus différer. L'effet fatal qui attend les Européens habitant l'Afrique centrale, pourtant occupée sans inconvénient pour leur santé par les Noirs, est bien connu. Supposons alors que l'on y envoie un certain nombre d'Européens et qu'ils doivent travailler eux-mêmes pour subsister ; il paraît certain que toute la colonie disparaîtrait bientôt. D'un autre côté, la facilité avec laquelle les Noirs d'Europe sont la proie de maladies fatales est aussi bien établie. On peut donc considérer comme certain que la race noire est plus apte à résister à l'assaut des maladies des climats chauds que la blanche et il est raisonnable d'en conclure que les individus qui approchent de la race noire seront de même plus aptes à survivre que ceux qui sont entièrement blancs. Mais parmi les hommes, aussi bien que parmi les autres animaux, il se produit des variétés plus ou moins prononcées. Dans un pays civilisé, peuplé depuis longtemps, ces variétés disparaissent pour la plupart rapidement par suite des mariages entre les différentes familles. Toutefois, dans les districts de très petite étendue, et qui ont peu de relations avec les autres régions, une différence accidentellement produite dans la physionomie des habitants pourra se transmettre jusqu'à leur lointaine postérité (...). En outre, ceux qui essaient d'améliorer les animaux domestiques quand ils trouvent les qualités qu'ils recherchent chez un mâle et une femelle les accouplent et conservent comme nouvelle souche le meilleur de leur progéniture. Ce qui est fait là par l'art, il semble que la nature le fasse avec autant d'efficacité bien que plus lentement, dans la forma-

Essays in the History of science and learning, offered in Homage to George Sarton (Ashley Montagu, édit.), New York, A. Schuman, 1947, pp. 197-207. Aussi, C. A. Kofoid, An American Pioneer in Science, Dr Charles Wells, 1757-1817, in *Scientific Monthly*, July 1943, 57, pp. 77-80 ; et enfin, L. Eiseley, *Darwin's Century*, pp. 119-125 et C. Zirkle, Natural Selection before the Origin of species, in *Proc. Amer. Phil. Soc.*, 1941, p. 106.

(1) *Origin of species* (Peckham), Intr. 17 : « ... he distinctly recognises the principle of natural selection, and this is the first recognition which has been indicated ; but he applies it only to the races of man, and to certain characters alone. »

(2) Kofoid, *op. cit.*, p. 78.

tion des variétés humaines adaptées aux régions qu'elles habitent. Des faits similaires se produisent chez d'autres espèces d'animaux » (1).

A s'en tenir à ce texte, il semblerait que Kofoid ait raison. Wells, sans utiliser les termes proches de Darwin qui seront plus tard ceux de Mathew, affirme : *a)* que les organismes humains vivant en des milieux auxquels ils ne sont pas adaptés sont voués à l'extinction ; *b)* que cette adaptation admet des différences de degrés ; *c)* que l'occurrence de variations fournit toute une gamme de traits plus ou moins adaptatifs ; *d)* que l'isolement des races est requis si l'on veut préserver les variations de l'oblitération ; comme cela est bien connu et pratiqué par les éleveurs ; *e)* que ce que font les éleveurs pour former rapidement des races nouvelles, la nature le fait lentement pour former les variétés humaines ; *f)* qu'il en va de même pour d'autres races d'animaux.

Wells n'applique pas sa théorie aux seules races humaines, il l'étend aussi à d'autres races d'animaux mais contrairement à ce que prétend Kofoid, non pas à tous les animaux : Wells ne traite que de l'homme et des animaux domestiques. Les animaux dont Wells compare les transformations à celles de l'homme ne sont jamais des animaux vivant à l'état de nature ; ce sont les races de moutons qui ont sa prédilection. Par ailleurs,

(1) WELLS, *An account...*, *in* DARLINGTON, pp. 86-88 : « There is no circumstance, perhaps, in which two races differ so much, as in their capacity to bear, with impunity the action of the causes of many diseases. The fatality to Europeans of the climate of the middle parts of Africa which are however, inhabited by negroes without injury to their health, is well known. Let then be supposed, that any number of Europeans were to be send to that country, and that they were to subsist themselves by their bodily labour ; it seems certain, that the whole colony would soon become extinct. On the other hand, the greater liability of negroes in Europe to be attacked with fatal diseases is equally well established. (...) Recording then as certain, that the negro races are better-fitted to resist the attacks of the diseases of hot climates than the white, it is reasonable to infer, that those, who only approach the black race, will be likewise better fitted to do so then others who are entirely white. (...) But amongst men, as well as among other animals, varieties of a greater or less magnitude are constantly occuring. In a civilized country which has been long peopled, those varieties, for the most part, quickly disappear, from the intermarriages of different families (...). In districts however, of very small extent, and having little intercourse with other countries, an accidental difference in the appearance of the inhabitants will often descend to their late posterity. (...) Again, those who attend to the improvement of domestic animals, when they find individuals possessing, in a greater degree than common, the qualities they desire, couple a male and female of these together, then take the best of their offspring as a new stock (...). But what is here done by art, seems to be done, with equal efficacy, though more slowly by nature, in the formation of varieties of mankind, fitted for the country which they inhabit (...). Similar facts occur in respect to other species of animals. »

on peut douter qu'il soit correct de parler de sélection naturelle chez Wells, non seulement parce que l'expression n'y est pas, mais surtout parce que l'extinction qui sanctionne l'inadaptation de certaines races ne s'articule nullement sur une théorie de l'accroissement de population, pas plus que sur l'idée connexe d'une lutte *nécessaire* des organismes entre eux, lutte agissant comme mécanisme sélectif. Chez Wells, le mécanisme sélectionnant les traits positifs, c'est la résistance à la maladie : une race d'homme prend le haut du pavé si elle manifeste la plus grande résistance à la maladie. Inversement une race défavorisée à cet égard décroît et s'éteint « non seulement par incapacité de supporter les attaques des maladies, mais à cause de leur incapacité à entrer en lutte avec leurs voisins plus vigoureux » (1). Dans tout le texte de Wells, c'est le seul endroit où il soit fait appel à une lutte entre organismes et elle n'a pas pour fin de sélectionner des caractères positifs, mais seulement de sanctionner l'échec des organismes mal adaptés. Wells ne paraît pas avoir saisi l'aspect positif de la lutte pour l'existence ; il l'interprète pour l'essentiel comme feront Blyth et Lyell (2). Aussi Wells ne dit nulle part que les espèces se transforment ou, qu'au cours des temps, on soit passé par transformation progressive des organismes inférieurs à ceux qui occupent le sommet du tableau taxonomique. Wells n'est pas transformiste ; il admet des transformations à l'intérieur de l'espèce, la constitution de races chez l'homme comme chez les animaux domestiques mais rien de plus, et s'il parle d'un isolement nécessaire pour produire les races humaines aussi bien que domestiques, il ne s'aventure jamais à écrire que les races ainsi produites deviendraient à la longue stériles entre elles : toutes les modifications admises par Wells restent dans le cadre de l'espèce, si bien que non seulement chez lui la lutte pour l'existence lorsqu'elle paraît — timidement — est similaire à celle de Blyth et Lyell, mais de

(1) *Ibid.*, p. 88 : « Not only from their inhability to sustain the attacks of diseases, but from their incapacity of contending with their more vigorous neighbours. »

(2) Shryock a écrit : *The strange case...*, p. 205 : « It is of interest to medical historians to note in passing that the anglo-american physician here refers to the role of disease in natural selection — a reference which may be plausibly ascribed to his medical back-ground. Here he suggests a major aspect of the struggle for existence which Darwin subsequently overlooked or minimized. » Outre le fait que si l'on parle de sélection naturelle chez Wells ce ne peut être au sens darwinien, on notera que Darwin a traité du rôle des épidémies comme frein à l'accroissement des populations et a tenté autant qu'il pouvait de penser ce phénomène comme une forme de lutte pour l'existence. Cf. *Origin of species* (éd. Mayr), p. 70.

plus il est aussi fixiste qu'eux. Les formations de races à l'intérieur des espèces domestiques étaient alors admises par tous. Et si Wells se permet d'appliquer cette idée aux races humaines c'est que se faisait jour alors justement l'idée d'une similitude entre espèces domestiques et espèce humaine. Lorsque Wells écrit que la nature produit les races humaines de la même façon que par l'art on transforme les animaux domestiques, il est inexact de conclure comme fait Eiseley qu'il saisit la relation darwinienne entre sélection artificielle et sélection naturelle (1). Car l'homme n'est pas alors un organisme perçu comme le sont ceux vivant à l'état de nature. La nature agit sur l'homme comme l'homme sur l'animal : il est en quelque sorte un animal domestique. William Lawrence que certains n'ont pas hésité à présenter comme un important précurseur du darwinisme (2) est instructif à ce sujet. Dans un ouvrage publié en 1819 (3) qui connut de nombreuses éditions, Lawrence a étudié notamment le problème de la formation des races humaines et s'est posé la question de savoir si ces races doivent être considérées comme des variétés ou des espèces, pour conclure que l'espèce humaine est unique et que toutes les différenciations qu'elle présente doivent être considérées comme des variétés (4). Pour Lawrence, il faut distinguer soigneusement les espèces sauvages et les espèces domestiques. Car tandis que les premières « admettent tout au plus de légères différences de couleur, de pelage, de grosseur et un développement inégal de certaines parties peu importantes, de plus grandes déviations sont permises aux espèces domestiques que celles qu'on trouve entre animaux sauvages d'espèces différentes à l'état de nature » (5). Pour Lawrence, il ne peut y avoir de modifications considérables des organismes par rapport à leur type à l'état de nature, car comme le croiront Blyth et Lyell,

(1) Eiseley, *Darwin's Century*, pp. 120-121.

(2) J. R. Beaudry, *L'évolution biologique*, Montréal, AGEUM, 1963, p. 15 ; aussi l'ouvrage de Darlington, *Darwin's place in history*, chap. V, pp. 19-24.

(3) W. Lawrence, *Lectures on comparative anatomy, physiology, zoology, and the natural history of man*, Londres, Bohn, 1819 (nous citerons selon la 6e édition de 1834). L'exemplaire de la bibliothèque de Darwin est de 1822. Le nom de Lawrence apparaît deux fois dans les *N.B.T.* Au second *N.B.T.* (p. 204), à propos des races humaines, Darwin se propose de lire Blumenbach, Prichard et Lawrence ; plus loin (p. 268) il l'inscrit sur la liste des auteurs à lire. D'après le Ms. 119, Darwin lut cet ouvrage en avril 1847.

(4) Lawrence, *Lectures*, p. 354.

(5) *Ibid.*, p. 170 : « admit at most of slight diversities in colour, fur, size, and development of some less important parts, wider deviations are allowed in the latter, than are observed between some wild animals acknowledged to belong to different species. »

l'adaptation est stricte et des organismes déviants ne pourraient survivre (1). Quant à l'homme, son cas est spécial et l'apparente aux animaux domestiques (2).

Lawrence n'a rien d'un transformiste (3) et Wells éclairé à sa lumière reprend sa juste place, ni précurseur de la théorie de la sélection naturelle, ni transformiste.

La considération des phénomènes de domestication, et même leur mise en relation avec des phénomènes propres à l'état de nature, ne donnaient pas en soi l'idée d'un transformisme par voie de sélection naturelle. Elle pouvait même devenir embarrassante et cause de confusion, comme chez Matthew par exemple. Les seuls à n'avoir pas failli à la mise en place d'une véritable théorie de la sélection naturelle, cause du transformisme, sont des auteurs attachés à la résolution des problèmes de distribution géographique et certains de la liaison de ceux-ci avec la transformation générale de la nature vivante au cours des temps. Pour élaborer une théorie rigoureusement non finaliste de la sélection naturelle, il fallait par la considération des configurations des groupes organiques dans la nature, et de leurs rapports, percevoir l'aspect « écologique » de la lutte pour l'existence, ce qui requérait au préalable, on y est souvent revenu, le rejet de la conception traditionnelle de l'adaptation stricte, d'ailleurs liée à celle de l'économie naturelle. Darwin, comme ses prédécesseurs, utilisera le terme d'économie naturelle au sens d'un certain rapport entre les parties d'un tout, mais chez lui ce rapport ne sera plus fixe et surtout, paradoxalement, un des caractères principaux de l'économie naturelle darwinienne, c'est qu'elle ne sera pas « économique » ; parce que non finalisé, le développement de la nature laisse place à l'aléatoire, à la destruction innombrable, au gaspillage. La sélection naturelle n'agit pas selon un mode

(1) C'est là le fondement du principal argument de Lawrence contre l'hypothèse linnéenne de la création de toutes les espèces en un seul lieu. Cf. pp. 160-163.

(2) *Ibid.*, pp. 173-174. « Wild animals (...) remaining constantly in the state for which they were originaly formed, retain permanently their just character. Man cannot be called in the ordinary sense of the term, a domestic animal ; yet, he is eminently domestic. Inhabiting every climate and soil, acted on by the greatest variety of external agencies, using every kind of food, and following every mode of life, he must be exposed still more than any animal to the causes of degeneration. » Et plus loin, après avoir énuméré les variations rencontrées dans les races humaines : « The domestic animals exhibit varieties entirely analogous to those which have been just enumerated » (p. 187).

(3) Bien que des transformistes aient pu y trouver des matériaux pour alimenter leur théorie. Ainsi WALLACE en 1847. Cf. *My Life*, I, pp. 254-255, qui lit, à tort, Lawrence et Prichard comme des transformistes.

réglé, comme peut-être celle de Matthew, mais elle est la règle du monde organique, une règle qui, en principe, selon ce qu'on lui fournit, pourrait fonctionner en tous sens.

Lamarck et Chambers sans doute étaient eux aussi transformistes, mais non pas au sens de Darwin et Wallace, car pour les premiers, et avec eux Matthew, le développement organique est téléologique, des buts sont poursuivis par la nature. Ce faisant, ils n'avaient pas à se poser les problèmes auxquels Darwin, lui, sera confronté ; l'origine des variations, les moyens de leur conservation et de leur accumulation, et enfin le phénomène de la divergence (1).

(1) Wallace aurait eu à se poser ces problèmes après son texte de 1858, mais déjà Darwin par la publication de l'*Origin* apportait ses tentatives de solution.

CHAPITRE IV

le concept de sélection naturelle et l'origine des espèces

1. *La sélection naturelle et l'isolement*

En des lieux géographiquement isolés Darwin, dès le début des *N.B.T.*, sait qu'on peut s'attendre à trouver des espèces nouvelles. A l'origine, toutes les implications de l'isolement en regard de la production de nouveauté dans la nature vivante sont loin d'être perçues. Néanmoins sa théorie requiert l'isolement, au moins pendant un certain temps, pour expliquer comment les nouvelles variétés ne perdent pas leurs traits distinctifs par croisements. Von Buch, Humboldt (1) avaient perçu cette nécessité. C'était un principe devenu trivial chez les éleveurs anglais, et Lamarck lui-même, à propos de la transmission des caractères nouvellement acquis, écrivait : « Si, lorsque des particularités de forme ou des défectuosités quelconques se trouvent acquises, deux individus, dans ce cas, s'unissaient toujours ensemble, ils reproduiraient les mêmes particularités, et des générations successives se bornant dans de pareilles unions, une race particulière et distincte en serait alors formée. Mais des mélanges perpétuels, entre des individus qui n'ont pas les mêmes particularités de forme, font disparaître toutes les particularités acquises par des circonstances particulières » (2). Mais Lamarck n'insiste pas et ne précise pas de quel type doit être cet isolement. Or, pour Darwin, tout le débat est là.

(1) Cf. chap. II, § 1.
(2) LAMARCK, *Phil. zool.*, I, p. 259. Il poursuit : « De là, on peut s'assurer que si les distances d'habitation ne séparaient pas les hommes, des mélanges, par la génération, feraient disparaître les caractères généraux qui distinguent les différentes nations. »

Même après avoir saisi comment la sélection naturelle peut effectuer la transformation des espèces, la question de leur production effective demeure entière tant que n'est pas réglé ce problème de l'isolement. En effet, si les lois de l'hérédité entraînent le retour par fusion des caractères de tous les individus au type, les traits sur lesquels peut s'exercer la sélection naturelle s'évanouissent : les variants favorisés rentrent dans le rang à la génération suivante, ou peu s'en faut ; la sélection naturelle fonctionne alors à vide, incapable d'accumuler durablement les variations favorables. Ainsi, malgré le grand nombre des variations qui apparaissent à chaque génération, les espèces doivent demeurer à peu près stables (1), ou dériver très lentement, trop lentement pour satisfaire Darwin et surtout, telle transformation ne peut rendre compte des rameaux divergents de l'arbre taxonomique. Darwin connaissait certains faits qui cadraient mal avec la théorie de l'hérédité par fusion des caractères parentaux, comme par exemple la réapparition, après plusieurs générations, d'un caractère propre à l'un des parents. Il mentionne ce fait dans les *N.B.T.* (2) et devait consacrer de nombreuses pages à essayer de l'expliquer dans son grand ouvrage sur la variation (3). Mais malgré la masse des faits accumulés, malgré la conscience qu'il a des difficultés de cette conception, la théorie qu'il adopte reste une théorie de la fusion des caractères. Si, comme l'a marqué Piquemal, malgré qu'il fût bien au fait des difficultés qu'elle rencontrait, Darwin en est resté à cette conception, c'est que, abordant ces questions que nous nommons aujourd'hui d'hérédité, il demeurait prisonnier de la problématique des hybridologistes (4).

Si donc l'apparition d'espèces nouvelles requiert une situation d'isolement, il existe néanmoins des cas qui paraissent mal s'accommoder de cette loi générale. Ainsi Darwin savait depuis son séjour en Amérique du Sud que les territoires occupés par les autruches *Petise* et *Orpheus* se recouvrent partiellement (5). Devant de tels faits, toute la difficulté lui paraît tenir dans la question de savoir comment ces espèces ont pu développer un isolement reproductif avant que par croisements leurs traits

(1) *N.B.T.*, I, p. 5.
(2) *Ibid.*, p. 203.
(3) Notamment au chapitre XIII pour le retour et au chapitre XIV pour la prépondérance.
(4) J. Piquemal, *Aspects de la pensée de Mendel*, Conférences du Palais de la Découverte, Paris, 1965, p. 10.
(5) *N.B.T.*, I, p. 38.

particuliers n'aient été oblitérés. C'est ce qui l'amène à un certain moment à porter beaucoup d'intérêt aux mutations de grande amplitude, aux *sports* (1) qui seuls, peut-être, pourraient expliquer comment des organismes vivant côte à côte, ont pu soudainement devenir isolés sur le plan reproductif, et accumuler ainsi des traits leur donnant qualité d'espèces. Toutefois Darwin croit que de telles mutations sont rares à l'état de nature. Une autre solution consisterait à accepter une production de variations par les agents extérieurs, ce qui aurait l'avantage de fournir des variations nombreuses pouvant aller dans le même sens, puisqu'elles sont induites par le même milieu. Néanmoins, on sait la méfiance de Darwin à l'égard de cette solution, à ses yeux incapable de rendre compte des adaptations fines et surtout des coadaptations (2). Mais le *N.B.T.*, IV, laisse place à une influence directe du milieu sur l'organisme ; c'est que tel processus favoriserait grandement l'action de la sélection naturelle, en multipliant les variations qui, de par leur nombre, résisteraient mieux aux croisements. Mais à la limite cette solution rendrait inutile l'action de la sélection naturelle elle-même, dont l'occurrence et l'efficacité ne font pas de doute pour Darwin. D'où des oscillations dans les *N.B.T.* (3), et, malgré tout, le maintien des réticences à l'égard de l'action du milieu. D'autant que certains phénomènes comme par exemple l'existence de deux espèces d'autruches voisines comme le sont *Orpheus* et *Petise*, ne peuvent s'expliquer par l'influence du milieu puisque, pour les deux espèces, les conditions sont identiques.

Aussi, Darwin vient-il à penser que l'apparition de variétés permanentes serait grandement favorisée si les populations dans lesquelles apparaissent les variations comptaient peu d'individus. Bien que diluée par les croisements à l'intérieur de la population, une certaine fraction de la variation pourrait être conservée vu le petit nombre des croisements possibles. Alors, pour expliquer un cas comme celui des deux autruches, il suffirait que de l'espèce mère se soient détachés quelques individus qui, isolés fortuitement pendant un certain temps,

(1) *N.B.T.*, II, p. 208 : « In Ostrich which is not isolated we must suppose the changes from typical structure have either been more rapid then in all other birds, or that it springs from a branch high up. » Sur le cas des autruches également, cf. *Darwin's Ornithological Notes*, pp. 276-277, quelques passages de Darwin dans le même sens (« If one species does change into another it must be per saltum, or species may perish. ») Dans ce contexte, s'explique la tentation pour Darwin de recourir aux *sports*.

(2) *Autobiography*, p. 119.

(3) *N.B.T.*, IV, p. 118.

donneraient naissance progressivement à une espèce nouvelle (1).

Mais il ne semble pas que Darwin ait jugé alors être parvenu à une solution satisfaisante, car dans l'*Esquises de 1842*, on l'a vu, il exprime les mêmes doutes et ne conclut pas.

Dans ce texte où est introduit pour la première fois le parallèle entre la sélection artificielle et la sélection naturelle, il est tout de suite évident que les deux formes de sélection ne correspondent pas à des séquences identiques dans le processus de formation des variations permanentes : au lieu que l'homme isole des portions de population auxquelles appartiennent les individus présentant les traits dont il souhaite la transmission et l'accumulation et crée ainsi une sous-population homogène évitant l'oblitération des variations, la population sur laquelle opère la sélection naturelle est une population forcément hétérogène. La sélection naturelle élimine les moins aptes à survivre, mais elle n'isole pas les variants favorisés de tout le reste de la population encore suffisamment adaptée pour vivre et se reproduire.

Néanmoins, sans pouvoir apporter de solution, Darwin rejette expressément dans ce texte l'influence directe des circonstances sur les organismes (2). Mais, comme l'a remarqué F. Darwin dans une note à l'*Esquisse* (3), il donne l'impression de ne pas être convaincu que l'apparition de variations chez les organismes à l'état de nature puisse se produire à une grande fréquence (4), et beaucoup de modifications des organismes sur lesquelles il appuie l'action de la sélection sont des *sports*.

Dans l'*Essai de 1844*, il lui faut évidemment reprendre le problème (5). Pour le résoudre, il revient à la tentative du dernier *N.B.T.* (6). Comme dans le texte de 1842, il continue de penser que les variations pouvant donner prise à la sélection à l'état de nature sont relativement rares (7). Aussi là encore

(1) *N.B.T.*, IV, p. 135. Pour un autre exemple de tentative de se passer de l'influence du milieu pour y substituer la théorie nouvelle, cf. *N.B.T.*, IV, pp. 146-147.

(2) *Evol. by nat. sel.*, p. 45.

(3) *Ibid.*, p. 44, n. 1.

(4) Dans l'*Origin* (Darlington), pp. 8, 15, DARWIN continuera de penser que les variations sont plus rares à l'état de nature qu'en domestication. Cf. *Evol. by nat. sel.*, p. 48.

(5) Pour la position du problème, cf. *Evol. by nat. sel.*, pp. 96 et suiv.

(6) *N.B.T.*, IV, p. 135.

(7) *Evol. by nat. sel.*, pp. 112-113 : « Although the amount of variation be exceedingly small in most organic beings in a state of nature, and probably quite wanting (as far as our senses serve) in the majority of cases... »

retient-il les *sports* auxquels il attache une grande importance (1). Et il revient à la solution des petites populations : pourvu que la population soit petite, un seul mutant peut parvenir à l'altérer (2). Comparée à celle de 1842, cette solution est déjà précise et raffinée. A l'inverse de la sélection artificielle qui regroupe les individus présentant des traits similaires à l'écart de la population normale, la sélection naturelle s'exerce sur une population hétérogène, mais peu considérable. Ce ne sont pas les variants qui sont isolés, mais toute une population (3). Comme l'a remarqué Vorzimmer, dans l'*Essai de 1844*, c'est surtout l'action positive de la sélection naturelle qui est mise en lumière (4). Alors, sur un point, le parallèle est fidèle : comme la sélection artificielle s'exerce sur les individus qui présentent les traits « à sélectionner », la sélection naturelle est décrite comme plus efficace que la sélection humaine — ce qui était le cas également en 1842 —, en ce qu'elle est sans faille et illimitée dans le temps, plus rigoureuse, plus perspicace dans son « choix » que la sélection artificielle. L'accent est mis sur les organismes qui sont choisis, retenus, et non sur ceux qui sont éliminés dans la lutte. Mais pour concevoir ainsi la sélection, il faut pouvoir se donner des populations étroites, c'est-à-dire que l'isolement *géographique* est primordial. Ce faisant, Darwin retrouvait sa doctrine des *N.B.T.* En 1844, écrivant à Hooker, il insistera

(1) Toutefois il donne dans ce texte une acception large au terme « sport ». Cf. *Evol. by nat. sel.*, p. 122.

(2) *Ibid.*, pp. 197-198 : « We might expect on our island that although very many slight variations were of no use to the plastic individuals, yet that occasionaly in the course of a century an individual might be born of which the structure or constitution in some slight degrees would allow it better to fill up some office in the insular economy and to struggle against other species. If such were the case, the individual and its descendants would have a better *chance* of surviving and of beating out its parent forms ; and if (as is probable) it and its offspring crossed with the unvaried parent form, yet the number of the individuals being not very great, there would be a chance of the new and more serviceable form being nevertheless in some slight degree preserved. The struggle for existence would go on annually selecting such individuals until a new race or species was formed. »

(3) C'est-à-dire que l'expression « sélection » (artificielle) en un sens est identique au terme isolement. Ainsi dans la première édition de *Var. under Dom.*, II, p. 271, Darwin écrit cette phrase qui sera supprimée dans la seconde édition par suite des malentendus qu'elle peut entraîner : « A new sub-variety would thus be produced without the aid of selection. » Sur ce point, cf. *Evol. by nat. sel.*, p. 96, n. 4.

(4) P. Vorzimmer, Charles Darwin and Blending Inheritance, *Isis*, 1963, 54, pp. 371-390 ; cf. p. 376. Cet article excellent s'attache surtout à mettre en lumière les raisons des modifications successives du texte de l'*Origin* dans ses six éditions. Il traite sommairement la période antérieure, mais avec une grande exactitude. Il ne tient pas compte cependant des *N.B.T.*

fortement sur le rôle de l'isolement : « La conclusion à laquelle je suis arrivé est que les aires où les espèces sont les plus nombreuses ont été le plus souvent divisées. Il semble que la distribution géographique de tous les êtres vivants permette de conclure que l'isolement est la principale cause ou circonstance concomitante de l'apparition des formes nouvelles. (Mais je sais très bien qu'il y a quelques exceptions éclatantes.) En ce qui concerne la création originale de nouvelles formes j'ai dit que l'isolement semblait l'élément principal » (1).

On sait que peu après Darwin entreprit son travail sur les cirripèdes, d'abord envisagé comme une entreprise de peu de durée, mais qui allait l'occuper de 1846 à 1854 (2). Dans son *Autobiographie*, il a indiqué comment s'était imposée à lui cette recherche : au cours du voyage du *Beagle*, il avait récolté une nouvelle espèce sur la côte du Chili et s'était par la suite aperçu qu'il devait pour lui faire place dans la classification créer un nouveau sous-ordre (3).

En fait, pour mener à bien ce travail, il eut à réorganiser toute la nomenclature de la sous-classe, à inventer de nombreux genres, des familles (4), et même à donner des noms à plusieurs parties de l'anatomie des cirripèdes (5). A la fin de sa vie, tout en reconnaissant que ce travail lui avait permis de discuter plus tard en connaissance de cause des principes de la classification naturelle, il inclinait toutefois à penser qu'il y avait consacré beaucoup trop de temps (6). Mais si on lit attentivement les

(1) Lettre à Hooker, 1844, *Life and Letters*, I, p. 389 : « The conclusion, which I have come at is, that those areas, in which species are most numerous, have oftenest been divided (...). The most general conclusion which the geographic distribution of all organic beings, appears to indicate, is that isolation is the chief concomitant or cause of the appearance of *new* forms (I well know there are some staring exceptions). Aussi : « With respect to original creation or production of new forms, I have said that isolation appears the chief element. Hence, with respect to terrestrial productions, a tract of country, which had oftenest within the late periods subsided and been converted into islands, and reunited, I should expect to contain most forms. »

(2) Les résultats de ce travail parurent de 1851 à 1854. Cf. bibliographie, n°s 9 à 12.

(3) *Autobiography*, p. 117 : « To understand the structure of my new cirripede I had to examine and dissect many of the common forms : and this gradually led me to take up the whole group. »

(4) Cf. *Darwin-Henslow*, Lettre à Henslow, 2 juillet 1848, p. 162.

(5) *A Monograph of the Sub-Class Cirripedia...*, p. 3. C'est Darwin le premier qui démontra l'existence, dans certains genres, de mâles quasi microscopiques dégénérés parasitant les hermaphrodites. Cf. *Autobiography*, p. 118 ; *Darwin-Henslow*, Lettre à Henslow, 1er avril 1848, p. 160. Ce fait est signalé dans l'*Origin* (Darlington), p. 375, comme exemple de développement rétrograde.

(6) *Autobiography*, p. 118.

textes de l'époque des travaux sur les cirripèdes, il est visible que cette description minutieuse d'un groupe d'organismes éminemment sujet à toutes sortes de variations, allait contribuer à renforcer une des convictions fondamentales du Darwin de 1859. Dans une lettre de 1849 à Hooker, il rapportait combien le frappait la variabilité de chaque partie de chaque espèce (1), un même organe comparé soigneusement chez plusieurs individus présentant toujours des traits particuliers bien que peu marqués : c'est-à-dire que tout en continuant de penser que les variations se produisent plus fréquemment à l'état de domestication que chez les organismes sauvages, Darwin pouvait maintenant se convaincre *de visu* que les variations légères sont innombrables même à l'état de nature et que, par conséquent, pour rendre compte de la formation de variétés permanentes et d'espèces il n'est pas besoin de faire appel aux *sports* ; les variations individuelles fournissant un abondant matériel à l'action sélective de la lutte pour l'existence.

(Dès l'*Essai de 1844* d'ailleurs, Darwin reconnaissait implicitement que les *sports* présentaient souvent des aspects tératologiques, si bien que, déjà rares, les mutants étaient souvent condamnés à ne pas être viables (2). Mais sous l'emprise probablement du principe méthodologique d'un parallélisme entre sélection artificielle et sélection naturelle, tout en reconnaissant que les petites différences individuelles sont très nombreuses à l'état de nature (3) il ne manquait pas de privilégier les *sports*.)

Outre son expérience des petites variations individuelles chez les cirripèdes, Darwin allait vers 1855 faire lui-même des expériences sur les variations à l'état domestique, en entreprenant d'élever des pigeons (4). Il s'impose d'ailleurs ce nouveau travail dans le but exprès d'observer les variations individuelles et d'en évaluer l'importance (5). L'année suivante, il écrira que déjà il a retiré de ce travail des informations appréciables sur plusieurs points ayant trait à la variation, en même temps que ses recherches sur l'origine des diverses races de pigeons lui montraient que les transformations avaient été graduelles (6). A la même époque, il entreprend des mesures ayant pour fin de trancher si le non-usage d'un organe entraîne réellement son

(1) *Life and Letters*, I, pp. 397-398 : « The variability of every part in some slight degree of every species. »
(2) *Evol. by nat. sel.*, p. 93.
(3) *Ibid.*, p. 92.
(4) *Life and Letters*, I, p. 410, Lettre à Fox du 23 mai 1855.
(5) *Ibid.*, p. 411.
(6) *Ibid.*, Lettre à Fox, 3 octobre 1856, p. 442.

atrophie : ainsi, comparant les squelettes du canard domestique et du canard sauvage il conclura que, proportionnellement, les pattes du canard domestique sont plus développées que celles du canard sauvage et que ses ailes à l'inverse révèlent un début d'atrophie (1). Quant à l'influence des conditions extérieures, à partir du manuscrit de 1856, Darwin se fortifie, pour un temps, dans la conviction qu'il faut leur attribuer très peu dans la modification des organisations. Les conditions extérieures ne seraient responsables que de la « variabilité ».

Mais ce n'est pas la simple occurrence de variations qui produit les variétés puis les espèces ; il y faut l'action sélective de la lutte pour l'existence (2). Néanmoins, ce sont maintenant ces légères différences qui sont accumulées, et non plus les *sports*.

Au cours de la même période, Darwin consacre aussi beaucoup de temps à une question reliée de très près à sa conception de l'isolement géographique requis pour permettre à la sélection naturelle de faire apparaître des espèces nouvelles : la distribution accidentelle des organismes ou de leurs semences. Il importe à Darwin que certaines formes accidentelles de dissémination soient possibles, sans quoi le peuplement des îles, qui joue un si grand rôle dans l'élaboration de sa théorie, exigerait l'apparition et la submersion d'un grand nombre d'extensions continentales, hypothèse qui, on le sait, le gênait considérablement. Aussi entreprend-il, à partir de 1855, en même temps qu'il polémique avec Lyell et Hooker contre la théorie des extensions continentales de Forbes (3), une série d'expériences et d'observations sur la capacité de germination des graines immergées pendant des temps plus ou moins prolongés et à des températures variables, sur les courants marins, sur les organismes susceptibles d'être transportés par certains animaux, etc. (4).

Le manuscrit de la longue version de l'*Origine des espèces*, commencé en 1856, et interrompu par l'envoi du manuscrit de Wallace en 1858, va prendre acte des modifications survenues dans la pensée de Darwin, comme de confirmations qu'il a trou-

(1) *Ibid.*, Lettre à Fox du 19 mars 1855, pp. 406-407 ; Lettre à Hooker, 1855, p. 407, note.

(2) *Ibid.*, Lettre à Hooker, 23 nov. 1856, p. 445. Sur ce point, cf. Lettre au même, 5 août 1856, p. 441 ; Lettre au même, avril 1857, p. 450 ; Lettre à Wallace, 1er mai 1857, p. 453.

(3) *Ibid.*, pp. 431 et suiv.

(4) Sur ces questions, cf. notamment *Life and Letters*, I, pp. 431 et suiv. DARWIN a publié quelques articles sur ces questions de 1855 à 1857.

vées de sa conception de l'isolement (1). Le texte de l'*Origine* donne une des raisons de l'abandon par Darwin de son explication de 1844 : « Si une région isolée très petite est environnée d'obstacles ou dotée de conditions physiques très particulières, le nombre total des individus qu'elle comprend sera nécessairement très petit ; et la rareté des individus retardera considérablement la production de nouvelles espèces par sélection naturelle en diminuant la chance de voir apparaître des variations favorables » (2).

Si même les variations individuelles favorables requises pour la production d'espèces nouvelles par voie de sélection naturelle peuvent faire défaut dans une population trop restreinte, à plus forte raison en va-t-il de même pour les *sports*. Aussi entre 1844 et 1856, Darwin révise-t-il entièrement son explication. D'abord, il n'est plus guère question de ces mutations. En 1856, il s'en remet complètement aux variations individuelles et ne craint pas d'affirmer que l'accumulation de ces légères différences doit suffire à rendre compte du processus de formation de toutes les espèces (3), en même temps que la sélection naturelle apparaît comme le principal sinon le seul moyen de la nature pour transformer les espèces (4).

Un autre revirement de Darwin entraînait par ailleurs la mise en lumière d'une autre difficulté en regard de la solution de 1844. On l'a vu, en 1842-1844, la sélection naturelle — présentée pédagogiquement comme l'œuvre d'un démiurge au début de l'*Esquisse de 1842* — est une sélection encore plus efficace que

(1) Le manuscrit jusqu'ici inédit de la première version de l'*Origine des espèces* a été consulté à la B.U.C. Ce texte correspond aux pièces suivantes : Mss 8, 9, 10 *i*, 10 *ii*, 11 *i*, 11 *ii*, 12, 13, 14, 15 *i*, 45, 46 *i*, 47.

(2) *Origin of species* (Darlington), p. 92 : « If an isolated area be very small, either from being surrounded by barriers, or from having very peculiar physical conditions, the total number of individuals supported on it will necessarily be very small; and fewness of individuals will greatly retard the production of new species through natural selection, by decreasing the chance of the appearance of favourable variations. » Aussi, éd. Peckham, IV, 174.

(3) Ms. 10 *ii*, fol. 11 : « Nor let it be said that individual differences are so slight that the most careful selection could make no sensible change by adding them up during a long course of ages ; ... » Cf. aussi Ms. 10 *i*, fol. 7 et Ms. 15 *i*, fol. 4 : « By far the most effective origin of well marked varieties and species, is the natural selection, or preservation of those successive slight and accidental (as in our ignorance must call them) variations. »

(4) Ms. 10 *i*, fol. 8. Aussi, Ms. 10 *ii*, fol. 18 : « We must add to the effects of natural selection the direct action, probably very small, and almost certainly slow, of climatic conditions (...) ; we must allow something in the higher animals for the effects of habit and disuse, of which again the action must be slow ; — but over all these causes of changes, I am convince that natural selection is paramount. »

la sélection artificielle, c'est-à-dire que le parallèle entre les deux sélections conduit à la poser comme une sélection qui sait toujours — « choisir » — les meilleurs. Dans le manuscrit de 1856, comme dans l'*Origin of species*, l'accent est déplacé. La sélection naturelle ce n'est pas tant ce qui choisit les individus présentant des caractères adaptatifs que ce qui élimine rigoureusement tout ce qui est mal adapté (1). Inversement, la sélection naturelle auparavant présentée surtout comme plus perspicace que la sélection humaine dans le « choix » des individus favorisés, ne fait pas nécessairement triompher et progresser les individus mieux adaptés. Dans la lutte pour l'existence qui sévit de façon impitoyable et permanente, ceux-ci ont seulement plus de chance que les autres de survivre. L'accent est mis sur la destruction qui règne dans la nature. Dans son article déjà cité, Vorzimmer a bien mis en évidence le déplacement d'accent de 1844 à l'*Origin of species*. Avant celle-ci la sélection présentait deux aspects : l'un positif consistant en ce que les organismes possédant des variations favorables à une utilisation efficace de l'environnement sont conservés et perpétués, l'autre négatif consistait simplement en ce qu'une élimination d'organismes était rendue inévitable du seul fait que le nombre des places dans l'économie naturelle d'un lieu est limité. A partir de 1856, l'aspect négatif de la sélection naturelle est jugé plus important. Dès lors, dans des conditions changeantes (comme le sont presque toujours les conditions naturelles), tout organisme qui ne jouit pas d'une adaptation minima est éliminé. Le pouvoir destructeur de la sélection n'est plus le « résultat statique d'un excès d'individus en regard d'un nombre limité de places dans l'économie naturelle, c'est la destruction quasi systématique de tout organisme qui ne peut s'adapter aux conditions nouvelles » (2).

Dans l'essai de solution de 1844, la difficulté venait de ce que le petit nombre d'individus rendait improbable l'occurrence de mutations suffisamment nombreuses pour donner prise à la sélection naturelle dans un sens donné. De plus, dans des populations peu nombreuses, la pression exercée sur les individus dans la lutte pour l'existence était quasi inexistante. A partir de 1856, il en ira tout autrement, les variations individuelles fournissant un réservoir inépuisable de modifications des espèces. De plus, l'insistance sur l'aspect destructeur de la sélection, éliminant en principe tous les individus ne présentant pas

(1) *Origin* (Darlington), p. 89.
(2) VORZIMMER, *Charles Darwin...*, pp. 378-379.

les traits adaptatifs minima atténuera considérablement les effets niveleurs des croisements à l'intérieur de la population isolée.

Ce renforcement de l'aspect destructeur de la sélection naturelle n'est pas apparu dans les textes de Darwin à seule fin de sortir de l'impasse où le plaçait sa conception originelle. A l'époque où il rédige le texte de la première version de l'*Origine*, il poursuit depuis un certain temps déjà des expériences à petite échelle pour évaluer *de visu* l'efficacité de la lutte pour l'existence. Or ces expériences lui démontrent la rigueur implacable de cette lutte et des destructions d'une ampleur insoupçonnée. Ainsi écrit-il à Hooker en juin 1857 : « Mes observations sur la lutte pour l'existence, bien que sur une échelle infiniment petite, commencent à me faire voir un peu plus clairement ce qui en est. Sur seize sortes de graines semées dans mon pré, quinze ont germé, mais elles périssent actuellement à un tel taux que je doute si une seule fleurira » (1).

Néanmoins, dans l'*Origine des espèces*, qui se repose sur l'occurrence de variations individuelles favorables pour fournir son matériau à la sélection naturelle positive (2), qui insiste sur l'aspect négatif de la lutte pour l'existence et atténue les aspects égalisateurs de l'hérédité par fusion, Darwin est conscient que tous les problèmes ne sont pas résolus et que, tant que sévit le nivellement par croisement, toute la solidité de son argumentation repose sur les aléas de l'isolement naturel des populations. La sélection ne peut s'effectuer hors de l'occurrence de variations favorables, ce qui devra apparemment se faire toujours très lentement et sans doute le processus sera-t-il souvent grandement retardé par ces croisements (3). Les deux versions de l'*Origine* présentent une conception très raffinée de l'isolement ; on y passe d'une conception surtout géographique à une concep-

(1) *Life and Letters*, I, p. 457 : « My observations though on so infinitely a small scale, on the struggle for existence begin to make me see a little clearer how the fight goes on. Out of sixteen kinds of seed sown on my meadow fifteen have germinated but now they are perishing at such a rate that I doubt whether more than one will flower. Here we have choking which has taken place likewise on a great scale, with plants not seedlings, in a bit of my lawn allowed to grow up. On the other hand, in a bit of ground, 2 by 3 feet, I have daily marked each seedling weed as it has appeared during March, April and May, and 357 have come up and of these 277 have already been killed, chiefly by slugs. »

(2) Cf. *Origin of species* (Peckham), XIV, 93 : « Every one admits that there are at least individual differences in the species under nature » ; aussi, I, 293 ; II, 13, 15 ; IV, 173.

(3) *Ibid.*, IV, 222-223. Cf. aussi *Origin* (éd. Mayr), pp. 104-105, 326, 351, 352.

tion plus écologique (1). Toutefois, il est important de souligner que nulle part dans l'*Origine* il n'a affronté et traité le problème de face (2). Celui-ci demeurait néanmoins ; on le voit sourdre à plusieurs reprises dans ce texte même et cette lacune explique toute la dérive de l'œuvre de Darwin qui tendra de plus en plus à faire place aux facteurs dits lamarckiens après 1860 (3). Cette annexion progressive de certains éléments du lamarckisme par Darwin n'est en fait que la plus « voyante » des conséquences engendrées par ses positions sur la question de l'hérédité. Mais en ce qui concerne l'explication de la formation des espèces nouvelles dans l'*Origine* de 1859, cette lacune a déjà de grandes conséquences. C'est dire que cette question irrésolue affecte la conception même de l'efficace de la sélection naturelle.

Dans ses années de controverse avec Moritz Wagner, Darwin distinguait deux cas très différents de production d'espèces nouvelles : Ceux où une espèce se modifie dans le même pays (ce dont on ne peut douter qu'il y a de nombreux exemples) et ceux où une espèce se divise en deux, trois espèces ou plus encore ; en ce dernier cas Darwin croit que l'isolement géographique favoriserait la spéciation (4). Utile, l'isolement ne serait pas toujours nécessaire (5). A Wagner, il accordait toutefois qu'une

(1) Le terme « écologie » comme ses dérivés sont évidemment absents du vocabulaire de Darwin. Nous l'utilisons à seule fin de marquer la différence sémantique entre la conception darwinienne et la conception traditionnelle de l'économie naturelle. Les articles récents de Vorzimmer et de Stauffer ont mis l'accent sur cet aspect de la pensée de Darwin, que déjà Daudin d'ailleurs avait souligné. Que le terme puisse s'appliquer sans contresens à la conception darwinienne de l'économie naturelle, est démontré par le fait qu'il a été introduit en biologie par Haeckel précisément pour désigner cette conception. Sur ce point, cf. STAUFFER, Ecology..., in *Proc. Amer. Phil. Soc.*, 1960, 104, pp. 235-241 ; STAUFFER, Haeckel, Darwin and ecology, in *Quart. Rev. Biol.*, 1957, 32, pp. 138-144.

(2) VORZIMMER (*Charles Darwin...*, p. 377) a cru pouvoir expliquer cette lacune par le fait que de 1856 à 1858, rédigeant la première version de l'*Origin*, Darwin avait déjà à régler un grand nombre de problèmes autres que celui de l'hérédité par fusion. Or cette recherche fut brusquement interrompue par l'envoi du mémoire de 1858 de Wallace, et par la nécessité de rédiger rapidement en 1858 un abrégé du texte de 1856-1858.

(3) Mais dès la première édition, il fait place à l'effet direct de l'environnement. Cf. *Origin* (éd. Mayr), pp. 11, 43, 134-137, 447, 454-455, 472-473, 479-480. Sur ce point cf. MAYR, Introduction, p. XXV.

(4) Lettre à K. Semper, 26 novembre 1878. *Life and Letters*, II, 339 : « Those in which a species becomes slowly modified in the same country (of which I cannot doubt there are innumerable instances) and those cases in which a species splits into two or three or more new species, and in the latter case, I should think nearly perfect separation would greatly aid in their « specification » to coin a new word. »

(5) *Ibid.* : « When I thought of the Fauna and Flora of the Galapagos Islands I was all for isolation, when I thought of S. America I doubted much. »

espèce ne pourrait être multipliée aussi longtemps que toute la population reste mêlée ensemble dans le même district. Néanmoins, il ne doutait pas que plusieurs espèces nouvelles aient été développées simultanément à l'intérieur d'une même vaste région continentale, et, ajoutait-il « j'ai tenté dans mon *Origin* d'expliquer comment deux nouvelles espèces pourraient se transformer bien qu'elles se rencontrent et se mêlent aux limites de leurs aires respectives » (1).

Darwin distingue bien l'évolution de type phylétique et le processus de spéciation proprement dit, mais contrairement à la conception qui semble prévaloir aujourd'hui où la spéciation sympatrique est tenue pour un phénomène très rare et même marginal, il pense que la même situation géographique permet les deux phénomènes.

Dans la première édition de l'*Origine des espèces* l'évolution de type phylétique et la spéciation ne reçoivent pas des traitements différents, et la première apparaît en quelque sorte comme un cas particulier du phénomène plus général de la spéciation. De plus, en même temps, que l'accent est mis sur la spéciation, c'est l'aspect sympatrique qui prévaut, à la faveur d'une critique des conséquences de l'isolement géographique.

C'est que Darwin en 1859 en est arrivé à une conception écologique très perfectionnée et raffinée. Elle est d'ailleurs dans ce texte à son apogée. Elle régressera ensuite jusqu'à le conduire aux hésitations et à l'impasse des années 1870.

On a vu que lors du rejet de sa solution de 1844, à propos du problème du retour au type par le jeu des croisements à l'intérieur de l'espèce, Darwin avait mis en évidence l'aspect destructeur de la lutte pour l'existence — pourvoyant ainsi à la suppression d'une partie considérable de la population non affectée de variations favorables. Mais alors évidemment se trouvait remise en question la priorité accordée à l'isolement géographique depuis le premier *N.B.T.* jusqu'aux essais des années 1840.

Dans le chapitre de l'*Origine* (2) consacré à la sélection naturelle, les avantages de l'isolement apparaissent de peu de

(1) Lettre à M. Wagner, 13 octobre 1876, *Life and Letters*, II, p. 338 : « In my *Origin of species* I endeavoured to explain how two new species might be developped although they meet and intermingle on the borders of their range. »

(2) Chap. IV, pp. 69-113 (Darlington). Dans la version 1856-1858 (Ms. 10 *ii*, fol. 72-73), il semble toutefois que Darwin attachait plus d'importance à l'isolement qu'en 1859.

poids en regard des inconvénients qu'il entraîne. Par les conditions uniformes qui règnent dans une région confinée, la sélection naturelle pourrait modifier les organismes continuellement dans le même sens. Par ailleurs, des croisements seraient évités du seul fait de la présence des barrières isolatrices et surtout l'immigration serait prévenue, rendant impossibles l'intervention de compétiteurs trop efficaces et l'occupation des places encore inoccupées dans l'économie naturelle de la région. Enfin, compétiteurs et croisements exclus, toute variété aurait ainsi le temps de se transformer lentement. Que cet isolement ait une certaine efficace, la présence sur beaucoup d'îles d'espèces endémiques le démontre suffisamment.

Vingt ans après la rédaction du manuscrit de l'*Origine*, Darwin devait écrire : « Il eût été étrange que j'oublie l'importance de l'isolement après qu'un cas comme celui de l'archipel des Galapagos m'eut conduit à étudier l'origine des espèces » (1). Mais en 1859, il n'en conclura pas moins qu'au total l'étendue du territoire importe davantage que l'isolement (2). Au premier abord la présence d'espèces endémiques dans la plupart des grandes îles peut faire penser que l'isolement est une condition primordiale de la spéciation. Mais pour pouvoir en décider, écrit Darwin, il faudrait savoir lequel dans un même laps de temps, d'une grande île ou d'un continent, a produit le plus d'espèces, ce qui échappe à nos moyens de vérification. Néanmoins, les avantages d'une très vaste étendue — comme celle d'un continent — sont évidents. D'abord quant au nombre de variations favorables à attendre en un temps donné. Ensuite parce que la complexité des conditions de vie, fonction du grand nombre d'espèces, suppose en même temps qu'une grande quantité de places dans l'économie de la nature une lutte pour l'existence très sévère, et donc, par l'élimination inflexible de tout ce qui n'est pas adaptativement favorisé, une modification des espèces plus rapide qu'en un lieu confiné.

D'ailleurs, et il le souligne, cette transformation des espèces sur de vastes continents n'élimine pas toute possibilité d'isolement géographique, du fait des bouleversements géologiques survenus au cours des millions d'années requises pour la transformation des espèces.

(1) Lettre à M. Wagner, 13 octobre 1876, *Life and Letters*, II, p. 338 : « It would have been a strange fact if I had overlooked the importance of isolation, seeing that it was such cases as that of the Galapagos Archipelago which led me to study the origin of species. »

(2) *Origin* (Darlington), p. 92.

Néanmoins, et c'est là l'originalité de la solution darwinienne de 1856-1859, qui ira se dégradant avec les éditions successives de l'*Origine des espèces*, une place de plus en plus grande étant faite aux facteurs lamarckiens (1), le mécanisme de transformation des espèces, comme celui de leur production, s'appuie essentiellement sur une conception écologique de la lutte pour l'existence et de l'isolement.

Toute cette conception se déploie et s'exprime dans l'important passage ayant trait au mécanisme de la divergence des variétés puis des espèces (2). Comme on l'a vu déjà, c'est vers 1852, à la fin de son travail sur les cirripèdes et quatre ans avant le début de la rédaction de la longue version de l'*Origine* que Darwin résolut le problème de la divergence (3) des branches de l'arbre taxonomique. Il ne s'agissait pas seulement d'expliquer comment une espèce peut se transformer progressivement jusqu'à donner une forme spécifiquement distincte de l'espèce mère, ou comment une espèce peut produire plusieurs variétés donnant chacune de nouvelles espèces, mais de rendre compte de l'écartement progressif des espèces l'une par rapport à l'autre en même temps que par rapport aux formes mères (4). La solution cherchée est reliée à l'existence dans la nature d'une multiplicité de « places » : plus les descendants d'une espèce sont diversifiés, plus ils sont favorisés pour occuper les places infiniment diversifiées de l'économie naturelle et donc pour se multiplier (5).

C'est dire que les organismes ne présentant pas de variations les rendant aptes à profiter des situations nouvelles dans l'économie naturelle sont rigoureusement éliminés puisqu'à chaque moment le plein des places à occuper est fait — ou en voie de l'être si la population est suffisamment considérable — ces places ne pouvant revenir qu'aux organismes qui s'y adaptent le mieux.

Comme l'a noté Vorzimmer (6), Darwin ne définit nulle part le concept de « place ». Mais la place dans l'économie naturelle

(1) Sur ce point, cf. Vorzimmer, *Charles Darwin...*, pp. 380-390.

(2) *Origin* (Darlington), pp. 97-110.

(3) Cf. plus haut, chap. II, § 5. Dans le manuscrit de 1856-1858 (Ms. 10 *ii*, fol. 26 LL) Darwin écrit que le : « Principle of Divergence regulates the natural Selection of variations. »

(4) *Autobiography*, p. 120.

(5) *Origin* (Darlington), p. 98 : « The more diversified the descendants from any one species become in structure, constitution, and habits, by so much will they be better enabled to size on many and widely diversified places in the polity of nature, and so be enabled to increase in numbers. » Aussi *Autobiography*, p. 121. Sur la divergence, également, Ms. 10 *ii*, fol. 26 *b* et suiv.

(6) Vorzimmer, *Darwin's ecology...*, p. 150.

chez Darwin semble correspondre exactement à ce que Elton définira trois quarts de siècle plus tard comme la « niche écologique », c'est-à-dire pour un organisme sa situation dans un environnement biotique, l'ensemble de ses relations à sa nourriture et à ses ennemis (1).

Le concept de place n'est pas chez Darwin un concept géographique — comme était géographique par exemple la conception de Latreille associant dans leur distribution certaine végétation et certains insectes — mais bien un concept écologique (2).

Or dans l'*Origine des espèces*, ces places — qui sont déjà l'index d'une adaptation réussie pour les organismes dont on dit qu'ils les occupent — par le jeu de la lutte pour l'existence, rendent comte de l'apparition de toutes les nouvelles espèces, quelle qu'en soit la modalité. A la rigueur, les nouvelles espèces doivent pouvoir apparaître sans autre forme d'isolement que celles assurées par la lutte pour l'existence, c'est-à-dire pour la possession de places dans l'économie naturelle.

Le déroulement de la lutte pour l'existence montrerait d'ailleurs que les effets à attendre de modifications spécifiques survenues dans des régions isolées sont à la longue d'importance moindre que celles produites en de vastes étendues, comme les continents. En effet, les formes produites sur ces étendues, résultant, vu le grand nombre des compétiteurs, d'une sélection extrêmement sévère, seront immanquablement les organismes les plus résistants ; aussi sont-ce ceux qui connaîtront la diffusion la plus large et qui joueront un rôle de grande importance dans l'histoire du monde organique (3). Ainsi s'explique que les espèces australiennes par exemple résistent mal à la compétition avec des espèces européennes ou asiatiques. De même, les « fossiles vivants », comme l'ornithorynque ou le lépidosiren se trouvent-

(1) C. Elton, *Animal Ecology*, Science paperbacks, 1966 (1re éd., 1927), p. 64. Cela est particulièrement net dans l'exemple que donne Darwin d'un phénomène de divergence : « Take the case of a carnivorous quadruped, of which the number that can be supported in any country has long ago arrived at its full average. If its natural power of increase be allowed to act, it can succeed in increasing (the country not undergoing any change in its conditions) only by its varying descendants seizing on places at present occupied by other animals : some of them, for instance, being enabled to feed on new kind of prey, either dead or alive ; some inhabiting new stations, climbing trees, frequenting water, and some perhaps becoming less carnivorous. The more diversified in habits and structure the descendants of our carnivorous animal became, the more places they would be enabled to occupy. » *Origin* (Darlington), p. 93.

(2) Dans le Ms. 10 *ii*, fol. 26 Q, Darwin à propos d'organismes parle des « places they occupy in the struggle for existence ».

(3) *Origin* (Darlington), pp. 93-94.

ils aujourd'hui en des lieux confinés où la sélection n'a pu être très sévère et où par conséquent, l'extinction a été lâche et probablement la transformation lente.

Les places de l'économie naturelle ne sont pas des lieux topographiques, mais des relations entre l'organisme et l'environnement, surtout organique. L'ordre des places, leur apparition et leur remplissage à capacité font partie d'une situation labile, ne tenant sa provisoire stabilité que de l'équilibre entre espèces. Si par apparition de caractères adaptatifs nouveaux une variété peut, à la fois, créer ou occuper une nouvelle place (phénomène initial du processus de divergence), tout un processus de rééquilibration naturelle doit s'ensuivre.

Plus les organismes sont diversifiés, plus ils sont en mesure d'occuper un grand nombre de places dans l'économie naturelle. Par le jeu de la divergence, la nature partiquerait en quelque sorte « l'assolement simultané » (1). Aussi, la plupart des animaux et des plantes qui doivent vivre côte à côte appartiennent généralement à des genres et même à des ordres différents. Ainsi s'explique par exemple que la flore d'une région en ce qui concerne les plantes naturalisées compte souvent beaucoup plus de nouveaux genres que de nouvelles espèces (2). De même, pour l'apparition de nouvelles variétés permanentes à l'état de nature, là où sévit une rigoureuse lutte pour l'existence, les variations qui tendent à s'écarter du type spécifique doivent favoriser la survie et la perpétuation des individus qui en sont porteurs.

Dans ce mécanisme, c'est la lutte pour l'existence qui assure l'isolement écologique relatif, la sévérité de la lutte augmentant avec la proximité systématique des formes compétitrices (3). Les chances de survie sont liées à la diversité des groupes d'organismes. Ainsi, même sans barrières géographiques, peuvent apparaître des espèces et même des unités taxonomiques plus larges, comme on voit au long commentaire du diagramme du chapitre IV de l'*Origine des espèces* (4). Dans une vaste région, où sévit une lutte rigoureuse, les places de l'économie naturelle seront en général bien occupées, c'est-à-dire que les organismes déficients, et à la longue ceux restés conformes au type spécifique, seront éliminés, prévenant ainsi largement les méfaits des croisements. Mais il n'en va pas de même, on l'a vu, dans

(1) *Origin* (Darlington), p. 100.
(2) Phénomène incompréhensible dans la conception traditionnelle de l'adaptation.
(3) *Origin*, Darlington, pp. 65-66, p. 106.
(4) *Ibid.*, pp. 102-110. Cf. ce diagramme à l'appendice C, p. 160.

les régions confinées. Là, les meilleurs organismes étant préservés, bien que la lutte manque de rigueur, même si tout croisement n'est pas prévenu, avec du temps, les espèces seront transformées, comme en sert d'indice la transformation reconnue survenir même par sélection inconsciente dans les élevages (1).

C'est dire que, pour Darwin, spéciation sympatrique et spéciation allopatrique sont également possibles et que, sans doute, la première forme de spéciation a joué dans l'histoire du monde organique un rôle beaucoup plus important — en fréquence et en conséquences — que la seconde. Par ailleurs, s'il distingue évolution de type phylétique et spéciation — sans bien sûr utiliser ces termes —, il ne croit cependant pas qu'on puisse caractériser chacune par des processus de formation essentiellement différents. Une espèce qui se transforme sans donner lieu par divergence à des espèces nouvelles, comme c'est le cas de la séquence (F — F_{10} — F_{14}) dans le diagramme de Darwin (2), ce n'est pas une espèce livrée aux croisements faute d'isolement par opposition à une espèce multipliée grâce à un isolement géographique (3) ; c'est seulement une espèce que les aléas de la lutte pour l'occupation des places de l'économie naturelle ont laissée à l'écart, c'est-à-dire laissée à la jouissance de la place qu'elle occupait. En 1859, la solution de Darwin est entièrement écologique et son concept de divergence est le pivot de celle-ci.

Or il est étonnant que ce principe de divergence, régulateur de la sélection naturelle, et donc concept majeur de l'élaboration darwinienne n'ait jamais fait l'objet de recherches particulières de la part des historiens du darwinisme.

Darwin lui-même, s'il a marqué dans son *Autobiographie* l'importance de ce principe et les conséquences de sa lacune dans les textes de 1842 et de 1844, s'est néanmoins contenté de décrire les circonstances de son apparition dans son esprit, sans rien dire sur le processus de sa constitution (4). Sir Gavin de Beer a montré récemment comment par un calcul simple il est possible de dater approximativement cet événement, 1852 paraissant la date la plus probable (5).

Mais si l'on ne se satisfait pas dans l'examen du principe de divergence de prendre acte d'un événement dans l'histoire psychologique de Darwin, il doit être mis à jour sinon à pro-

(1) *Ibid.*, pp. 87-88.
(2) *Ibid.*, p. 108. Cf. le diagramme appendice C, p. 160.
(3) Position qui semble prévaloir actuellement.
(4) *Autobiography* (éd. Barlow), pp. 120-121.
(5) Gavin de Beer, *Charles Darwin*, Londres, Nelson, 1963, pp. 139-140.

prement parler son étiologie, tout au moins son insertion dans des formations conceptuelles qui seraient son lieu de naissance. Il faut donc procéder à partir de textes dont aucun ne réfère explicitement à pareille origine sans que toutefois la tâche soit ici très difficile.

Ainsi Darwin écrit dans l'*Origine* que les avantages de la diversification des habitants d'une même région sont les mêmes que ceux de la « division physiologique du travail » dans les organes d'un individu, question bien éclaircie par Henri Milne-Edwards (1). Et dans un texte encore inédit de la première version de l'*Origine des espèces* (1856-1858) il affirmait que le principe de la divergence est en fait celui de la division du travail proposé par Milne-Edwards (2). Par ailleurs le manuscrit 128 des *Darwin Papers* conservé à la B.U.C., qui est l'un des carnets où Darwin notait jour par jour ses lectures, porte à la dernière entrée pour 1852 : « M. Edwards *Introduction zoolog. générale* 1851 ». Consulté cet ouvrage conservé dans la bibliothèque de Darwin à Cambridge s'est révélé chargé de très nombreuses annotations. La date de lecture s'accorde donc avec la date probable d'apparition de la solution cherchée par Darwin au phénomène de la divergence, donnant ainsi la certitude que les travaux de Milne-Edwards sont bien le lieu d'origine du principe darwinien.

Non pas que Darwin ait emprunté sa solution à l'*Introduction à la zoologie générale* : le principe de divergence ne s'y trouve pas. Mais s'il peut pour son propos faire fonctionner le concept de la division physiologique du travail (3) c'est que le domaine d'application du nouveau principe n'est pas sans rapports avec les conséquences à tirer de l'élaboration de Milne-Edwards. En

(1) *Origin* (Darlington), p. 101 : « The advantage of diversification in the inhabitants of the same region is, in fact, the same as that of the physiological division of labour in the organs of the same individual body — a subject so well elucidated by Milne-Edwards. No physiologist doubts that a stomach being adopted to digest vegetable matter alone, or flesh alone, draws more nutriment from these substances. So in general economy of any land, the more widely and perfectly the animals and plants are diversified for different habits of life, so will a greater number of individuals be capable of there supporting themselves. »

(2) *Darwin Papers* (B.U.C.), Ms. 10 *ii*, fol. 26 L : « This doctrine is in fact that of « the division of labour » so admirably propounded by Milne-Edwards. »

(3) Où Milne-Edwards écrit « division du travail physiologique », Darwin traduit « physiological division of labour ». Nous avons traité cette question dans un exposé plus étendu qui sera publié dans les *Actes du XII*e *congrès international d'histoire des sciences* (Paris, 1968), sous le titre : « Darwin, Milne-Edwards et le principe de divergence ».

dégageant ses deux lois de variété et d'économie selon lesquelles la nature modèlerait les vivants, Milne-Edwards jetait une lumière nouvelle sur la distribution du tableau taxonomique (1). Si la nature tend nécessairement à varier ses produits, mais si ces variations doivent s'effectuer à partir d'éléments communs, on retrouve la forme arborescente que Darwin tenait pour une représentation valable des successions taxonomiques, les branches devant, pour s'accorder à la loi de variété, s'éloigner de la souche comme l'une de l'autre. A cette conception s'articulait chez Milne-Edwards la théorie d'une division du travail physiologique rendant compte de ce que les combinaisons physiologiques possibles pour un type donné se réalisent de façon réglée. Division du travail physiologique et principe de divergence ne sont donc pas des notions sans rapports lorsqu'on en compare les fonctions dans les théories de leurs auteurs respectifs. L'usage analogique que fait Darwin du principe de Milne-Edwards n'est pas le fruit d'un simple emprunt, mais bien d'une transformation de compréhension impliquant un important déplacement de sens car, si dans la division du travail physiologique l'avantage est pour l'organisme, dans ce que l'on pourrait nommer chez Darwin la *division du travail écologique*, où l'ensemble des « places » de l'économie naturelle tient lieu d'organisme, l'avantage est pour les organes, c'est-à-dire pour les êtres vivants qui occupent ces places.

2. *L'espèce*

Ernst Mayr dans des articles consacrés aux conditions de la spéciation a à maintes reprises analysé l'explication darwinienne. Selon lui, Darwin en viendrait à confondre spéciation et phylogenèse parce qu'il conçoit l'espèce comme arbitraire et subjective, privilégie les individus au détriment des populations (2). En même temps que s'affirmait la conviction transformiste de Darwin, se serait accentuée chez lui l'idée d'une impossible délimitation des espèces, le portant à conclure que les espèces sont arbitraires et subjectives, des fictions commodes.

(1) H. MILNE-EDWARDS, *Introduction à la zoologie générale*, Paris, 1851, p. 9.

(2) *V.g.*, E. MAYR, Isolation as an evolutionary factor, in *Proc. Amer. Phil. Soc.*, 1959, 103, pp. 221-230 ; Ecological factors in speciation, in *Evolution*, 1947, 1, pp. 263-288 ; Speciation and selection, in *Proc. Amer. Phil. Soc.*, 1954, 93, pp. 514-518 ; Species concepts and definitions, in *The species problem*, Publ. 50, Amer. Ass. for the Adv. of Sc., 1957, pp. 1-22.

Eliminant l'espèce, poursuit Mayr, il éliminait du même coup le problème de la multiplication des espèces. D'où la confusion chez lui entre phylogenèse et spéciation (1).

En fait, comme on l'a plus haut remarqué, Darwin ne confond pas l'effet du processus spéciateur avec l'effet de la transformation phylétique. Il pense seulement, contrairement à Mayr, que ces deux processus ne requièrent pas des conditions géographiques essentiellement différentes et s'en remet entièrement à des formes écologiques d'isolement.

Mais aussi, s'il tend à privilégier les grandes étendues contre les régions confinées dans sa conception de la production des espèces nouvelles, ce n'est pas parce que le problème de l'apparition de ces dernières s'évanouit quand on ne croit pas à l'existence de l'espèce, c'est que, on l'a souligné, sa conception du fonctionnement de la transmission héréditaire posait de sérieux problèmes en regard d'un fonctionnement productif, créateur, et non seulement normatif, conservateur, de la sélection naturelle. Dans le cadre de la génétique moderne, on pense généralement que l'isolement géographique divisant le pool génétique de l'espèce en deux ou en plus de parties, permet l'accroissement de la somme des différences génétiques, et ce jusqu'à l'isolement reproductif. C'est-à-dire que les barrières ont pour fin de prévenir la circulation de gènes entre les populations d'une même espèce, un tel échange entravant la spéciation, mais non la transformation phylétique. Il n'en allait pas de même chez Darwin. Pour lui, vu son adoption de la théorie de l'hérédité par fusion, tous les nouveaux caractères doivent être nivelés, oblitérés après peu de croisements. Et, c'est un apparent paradoxe de l'histoire que la théorie darwinienne ait admis la possibilité de supprimer les barrières géographiques alors que la théorie contemporaine qui explique comment tous les caractères sont transmis, soutient devoir recourir à celles-ci. On a vu suffisamment comment en 1859 sa solution écologique rendait possible à Darwin cette position. Ce n'est donc pas sa conception de l'espèce qui a conduit Darwin à donner au problème de l'isolement une solution différente de celle de Mayr ou Dobzhansky, c'est le rapport entre sa conception de la sélection naturelle et les impératifs de sa théorie de l'hérédité.

D'autant qu'il ne faut pas se méprendre sur la conception darwinienne de l'espèce. Il est exact, comme le rapporte Mayr, que Darwin ait écrit sur l'arbitraire de l'espèce. Ainsi écrit-il

(1) *Species concepts and definitions*, p. 4.

dans l'*Origine* ne considérer l'espèce que comme un terme commode pour désigner un ensemble d'individus se ressemblant étroitement l'un l'autre au lieu que le terme variété désignerait des formes moins marquées et plus fluctuantes (1). Ecrivant cela, dans le chapitre sur la variation, il reprenait les idées de Herbert (2). Mais s'il est exact d'en conclure que l'approche darwinienne est largement morphologique, ce serait simplifier outre mesure sa pensée sur l'espèce que de s'en tenir ici à l'idée d'arbitraire. Dans ce chapitre où il s'agit de démontrer l'occurrence de nombreuses variations à l'état de nature, un des arguments choisis par Darwin consiste précisément à montrer que les systématiciens s'accordent mal, et à les renvoyer dos à dos quand ils veulent poser une différence *essentielle* entre l'espèce et la variété. Le problème n'est pas tant que l'espèce et la variété soient des termes sans contenus. S'il y a arbitraire, c'est dans la détermination de l'une par rapport à l'autre, attitude parfaitement cohérente, attendu que pour Darwin les variétés permanentes sont des espèces en voie de formation (3). Mais l'espèce a un contenu pour Darwin. On le voit par exemple dans sa discussion sur la fertilité des hybrides où, précisément, il remarque : « Les auteurs récents ont, je crois, beaucoup sous-estimé l'importance du fait que les hybrides sont généralement stériles » (4). Or qui sont ces derniers auteurs ? Ni Kölreuter, ni Gärtner dont les travaux tendent au contraire à ériger la stérilité en loi universelle entre les espèces. « Ces » auteurs, c'est avant tout Herbert lui-même qui, dans la logique de sa conception de l'arbitraire de l'espèce insiste sur la parfaite fertilité de nombreux hybrides (5), fournissant ainsi à Darwin des faits pour son argumentation sur la stérilité progressive des variétés, mais que Darwin ne peut suivre lorsque son idée est généralisée. La stérilité, même si elle connaît des exceptions, marque l'existence réelle de l'espèce. Pour

(1) *Origin* (Darlington), p. 45 : « I look at the term species as one arbitrarily given for the sake of convenience to a set of individuals closely resembling each other ; and that it does not essentially differ from the term variety, which is given to less distinct and more fluctuating forms. The term variety, again, in comparison with mere individual differences, is also applied arbitrarily, and for mere convenience sake. »

(2) Sur Herbert, cf. *N.B.T.*, où il est très souvent cité sur ces questions.

(3) *Origin* (Darlington), pp. 40 et suiv.

(4) *Ibid.*, p. 210 : « The importance of the fact that hybrids are very generally sterile, has, I think, been much underrated by some late writers. »

(5) *Ibid.*, p. 214 : « He is as emphatic in his conclusions that some hybrids are perfectly fertile — as fertile as the pure parent-species — as are Kölreuter and Gärtner that some degree of sterility between distinct species is a universal law of nature. »

Darwin l'espèce a une réalité, la notion a un contenu, même s'il est impossible d'en donner une définition précise (1) : « Je crois, écrit-il, que les espèces sont relativement bien définies et ne se présentent jamais comme un chaos de chaînons variants et intermédiaires » (2). Il rejoignait là les vues défendues vingt ans plus tôt dans les *N.B.T.* (3). Sans doute Darwin se refusait-il à définir l'espèce dans l'*Origine* et tenait-il pour insuffisantes toutes les définitions qu'on en avait jusque-là données (4). Mais aujourd'hui, alors que depuis vingt ans les discussions sur les définitions proposées ont produit des centaines d'articles, tout en reconnaissant qu'aucune définition n'est entièrement satisfaisante, la plupart des biologistes ne mettent pas pour autant en question la réalité de l'espèce (5).

C'est dire que Darwin ne se laisse pas enfermer dans l'alternative qui caractérisait selon Mayr toute la systématique des XVIIIe et XIXe siècles depuis Linné, alternative selon laquelle l'espèce n'est définissable et donc réelle que si elle est fixe, mais qu'elle est une notion subjective, sans contenu réel si l'on croit à une transformation des espèces (6). Par là s'explique notamment le peu d'importance attachée par Darwin aux attaques de Agassiz contre la doctrine de l'*Origine* (7), bien que celui-ci déclarât : « Il me semble qu'il y a une grande confusion des idées dans l'affirmation générale si souvent répétée dernièrement de la variabilité des espèces. Si les espèces n'existent pas, comme le soutiennent les partisans de la théorie de la transmutation, comment les différences que l'on peut observer entre elles peu-

(1) *Ibid.*, p. 411 : « We shall at least be freed from the vain search for the undiscovered and undiscoverable essence of the term species. »

(2) *Ibid.*, p. 152 : « I believe that species come to be tolerably well-defined objects, and do not at any one period presents an inextricable chaos of varying and intermediate links. »

(3) *N.B.T.*, I, p. 213 : « Definition of species : one that remains at large with constant characters, together with other beings of very near structure. — Hence species may be good ones and differ scarcely in any external character », et encore *N.B.T.*, IV, p. 24 : « If they give up intertility in largest sense as test of species — they must deny species *which is absurd* », et surtout *N.B.T.*, II, p. 152 : « As *species* is a real thing with regard to contemporaries — fertility must settle it. » Cette dernière citation rend parfaitement claire la position de Darwin, au reste fort proche des définitions contemporaines de l'espèce en terme de populations génétiquement isolées.

(4) *Origin* (Darlington), p. 38. Cf. aussi *Darwin Papers*, Ms. 9 (1857), fol. 1 et suiv.

(5) Ainsi Mayr lui-même : « The exact definition of an evolutionary novelty faces the same insuperable difficulty as the definition of the species », The emergence of evolutionary novelties, in *Evolution after Darwin*, I : *The evolution of life* (S. Tax, édit.), p. 351.

(6) Mayr, *Species concepts and definitions*, p. 2.

(7) *Life and Letters*, II, p. 123. Lettre à Huxley, 8 août 1860.

vent-elles prouver la variabilité des espèces ? » (1). Pour Agassiz pensant les niveaux de la taxonomie comme des idées-formes du plan divin (2), il était nécessaire que soit formulé ainsi le problème, mais non pour Darwin.

3. *Sur le rapport du nombre des espèces à leurs genres*

En 1856-1859, la sélection naturelle peut, grâce à certain modèle écologique d'explication, rendre compte de l'aspect divergent des branches de l'arbre taxonomique, de l'extinction des variétés intermédiaires sur une superficie continue, en même temps que de la transformation et de l'apparition des espèces. Elle peut aussi rendre compte d'un phénomène relié, jusque-là demeuré irrésolu, et qui allait devenir un puissant argument en faveur de la théorie — on sait que J. D. Hooker et G. Bentham n'étaient pas loin de le tenir pour décisif —, dans la mesure où les solutions que pourrait y apporter le fixisme paraissent arbitraires ou d'une grande improbabilité. Ce problème c'est le rapport variable du nombre des espèces à celui des genres, que l'on devrait poser en d'autres termes aujourd'hui alors que les espèces sont définies en termes de populations, mais qui gardait en histoire naturelle toute son importance tant que prévalaient les critères morphologiques de définition de l'espèce. On sait que dès les premiers *N.B.T.* ce problème s'était imposé à Darwin à travers la problématique de la distribution géographique. Depuis Humboldt, le calcul de ces rapports en fonction des pays était une des tâches de cette nouvelle discipline.

Dans les *N.B.T.*, Darwin voit déjà comment certains faits précis doivent se rattacher à sa conception transformiste. Il note par exemple que les genres aberrants qui relient les grands groupes d'animaux ont peu d'espèces, comme d'ailleurs tous les groupes « osculateurs » dans lesquels chaque ensemble de deux ou trois espèces forme un genre (3). Lorsqu'il résume à son usage les

(1) L. Agassiz, Prof. Agassiz on the Origin of species, in *Amer. Journ. of Science*, 2e sér., XXX, 1860, pp. 142-154, p. 143 : « It seems to me that there is much confusion of ideas in the general statement of the variability of species so oftenly repeated lately. If species do not exist at all, as the supporters of the transmutation theory maintain, how can the differences which may be observed among them prove the variability of species ? »

(2) L. Agassiz, *De l'espèce*, p. 8.

(3) *N.B.T.*, I, p. 149, VI (I), p. 126. Lorsque Darwin parle des groupes aberrants, et osculateurs, ce qu'il a en vue, ce sont des organismes comme les monotrèmes par exemple.

Horae entomologicae de Mac Leay, c'est l'un des principaux points qu'il retient (1).

Mais parce que la solution de ce problème dans toute sa généralité est liée au principe de la divergence, elle ne peut évidemment apparaître que dans les années 1850. Dans l'*Essai de 1844*, Darwin remarque que les genres les plus largement distribués sont aussi ceux qui comprennent des espèces à très grande diffusion. Mais ce n'est pas encore pour utiliser ce genre de considérations à la solution recherchée. Il se contente alors de remarquer combien de tels phénomènes s'expliquent mal d'un point de vue fixiste (2). Quant au problème lui-même, du rapport du nombre des espèces aux genres, il n'est discuté ni en 1842 ni en 1844.

Au cours des années 1856-1858, il rassemble une vaste documentation sur la question. A cette fin, il résume des ouvrages énormes comme le *Prodromus* de de Candolle et harcèle de questions ses amis botanistes (3). Il écrit à ce sujet à Hooker en 1858 : « J'ai été conduit à tout ce travail par une remarque de Fries selon lequel les espèces des grands genres sont plus étroitement reliées l'une à l'autre que les espèces des petits genres ; s'il en était ainsi, considérant la difficulté de distinguer les variétés et les espèces, je concluai qu'il fallait s'attendre à trouver plus de variétés dans les grands genres que dans les petits » (4). En recherchant des informations sur la diffusion géographique des variétés auxquelles elles appartiennent, il en était arrivé à la conclusion que les plantes qui ont une large distribution présentent toujours des variétés ; de même pour les espèces les plus communes, les plus répandues d'une région donnée (5). Cela était prévisible du point de vue de Darwin dans la mesure où la diversité des conditions doit entraîner pour les espèces largement répandues l'apparition d'une multiplicité de variations différentes, mais aussi parce que les espèces qui sont les plus nom-

(1) *V.g., Darwin Papers*, Ms. 71, fol. 27.

(2) *Evol. by nat. sel.*, pp. 172-173.

(3) Cf. *Life and Letters*, I, pp. 460 et suiv ; *More Letters*, I, pp. 107, 424. Sur cet aspect de la recherche de Darwin, cf. W. Thiselton-Dyer, Geographical distribution of plants, in *Darwin and modern science*, pp. 298-318.

(4) Lettre du 11 mars 1858, *Life and Letters*, I, p. 460 : « I was led to all this work by a remark of Fries, that the species in large genera were more closely related to each other than the species in small genera ; and if this were so, seeing that varieties and species are so hardly distinguishable, I concluded that I should find more varieties in the large genera than in the small... »

(5) *Origin* (Darlington), p. 46. Aussi *Darwin Papers*, Ms. 10 *ii*, fol. 73 et suiv. où ce problème est traité de la même façon.

breuses transmettent habituellement à leurs variétés plus de chances de dominer sur les autres espèces dans la lutte pour l'existence, dans la mesure où leur supériorité dans celle-ci est vraiment ce qui en a fait des espèces communes (1). Ainsi le mécanisme de la lutte pour l'existence suffit à rendre compte de l'existence de plus nombreuses variétés dans les groupes ayant plusieurs espèces que dans ceux en possédant peu, phénomène dont on rendrait difficilement compte selon la conception d'un acte spécial de création requis pour chaque espèce.

4. *Les équivoques de la sélection naturelle*

Dès le moment où le concept de sélection naturelle est en place, comme clef de l'explication transformiste, la situation des phénomènes de distribution géographique des organismes subit un déplacement, un renversement même. De départ pour la mise en doute du fixisme et de voie d'approche de l'explication des phénomènes évolutionnistes, les traits de la distribution géographique des organismes deviennent, vers 1842, des phénomènes dont la nouvelle théorie doit rendre compte, comme de l'embryologie, du système des affinités, ou de la morphologie des restes fossiles.

En un sens, il en va de même également pour les phénomènes paléontologiques et embryologiques dont l'importance des appuis qu'y trouvait Darwin cherchant à s'affermir dans sa position de transformiste n'est pas douteuse. Néanmoins, ces disciplines ne pouvaient éclairer le mécanisme même de la transformation des espèces. Elles n'y ont pas pavé la voie et par là la situation de la distribution géographique en regard de la sélection naturelle est unique. Sans doute, il était nécessaire que les phénomènes relevant de cette dernière discipline deviennent, quel qu'ait été leur rôle antérieur, une fois la théorie formée, un terrain privilégié d'explication de la théorie. C'est ce qu'avait bien vu Wallace d'ailleurs écrivant dans son mémoire de 1855 que la loi suivant laquelle chaque espèce a pris naissance en coïncidence géographique et chronologique avec une autre espèce alliée préexistante, non seulement explique les faits constatés, mais encore les implique.

(1) *Ibid.*, p. 47 : « From looking at species as only strongly-marked and well-defined varieties, I was led to anticipate that the species of the larger genera in each country would oftener present varieties than the species of the smaller genera ; for wherever many closely related species (*i.e.*, species of the same genus) have been formed, many varieties or incipient species ought, as a general rule, to be now forming. » Cf. aussi, p. 48.

Mais à partir de l'*Esquisse de 1842* le rôle préalable des phénomènes de distribution dans la constitution de la théorie elle-même est passé sous silence. On peut s'expliquer cette lacune dans la mesure où la reprise dans toute sa complexité du cheminement vers la solution n'eût pas permis une présentation simple de la sélection naturelle. Il est douteux qu'un tel procédé eût rendu la question plus claire à des lecteurs peu informés ; aussi était-il inutile, et il est normal que Darwin l'ait écarté. Mais aussi dans la mesure où entre 1838 et 1842 il rapproche sélection artificielle et sélection naturelle, on comprend qu'il pense pédagogique d'associer la sélection naturelle à un procédé simple et connu du public susceptible de lire son ouvrage. Dans l'*Esquisse de 1842* et en 1844, alors qu'intervient la métaphore du démiurge pour assurer un passage de la sélection artificielle à la sélection naturelle, l'intention pédagogique est évidente (1). Certains aspects importants des rapports des deux sélections chez Darwin relèvent bien de la pédagogie.

Mais comme il arrive souvent au pédagogue soucieux d'éviter par des subterfuges la rencontre entre l'élève et la difficulté — à propos de quoi Bachelard a montré que les véritables problèmes dans l'acquisition du savoir sont d'épistémologie — cette manœuvre pédagogique aura un double effet inattentu. Elle créera des difficultés nouvelles pour le lecteur ; puis, à force de manier la comparaison entre les deux sélections, Darwin sera lui-même victime du rapprochement.

Pourtant, ce n'est pas que le non-finalisme des positions de Darwin fasse problème. Le modèle explicatif des coins, que l'on retrouve dans tous les textes importants du *N.B.T.*, III, jusqu'à l'*Origine*, ne permet là-dessus aucun doute (2). Néanmoins, comme on verra, le rapprochement des deux sélections entraîne tout au moins des écarts de langage.

On ne manie pas facilement la sélection artificielle comme un modèle sans qu'elle ne déteigne sur les conceptions de celui qui l'utilise. Ainsi, on l'a vu, Matthew finissait par donner une interprétation de la sélection naturelle qui n'excluait pas que l'on s'en remette, sur des points essentiels, à une finalité. De même chez Naudin qu'on a parfois rapproché de Darwin (3), le principe

(1) *Evol. by nat. sel.*, p. 45.
(2) *Origin* (Darlington), p. 58 ; *Evol. by nat. sel.*, p. 47.
(3) *V.g.*, Caullery, in *Histoire des Sciences* (Bibliothèque de la Pléiade), p. 1236 ; et surtout Darlington, *Darwin's place in history* qui n'hésite pas à écrire (p. 30) à propos de l'article de 1852 de Naudin : « A purely scientific account of the very same doctrine as Darwin's. » A propos de Naudin, cf. Lettre à Hooker, 23 décembre 1859, *Life and Letters*, II, pp. 41-42.

de la sélection artificielle est nettement assimilé à ce qui doit se produire dans la nature, où justement Naudin introduit la finalité (1).

Une trop longue tradition d'histoire du darwinisme prenant pour acquis le passage heuristique de l'artifice à la nature nous a masqué combien les deux sélections faisaient appel précisément à des contextes explicatifs antagonistes.

On sait que malgré les efforts de Darwin, le concept de sélection naturelle fut mal compris d'un grand nombre de ses lecteurs. Certains, sans doute, mirent à le mal recevoir une évidente mauvaise foi, mais les réticences d'hommes proches de Darwin comme Lyell, Hooker et Gray devraient suffire à montrer qu'il y avait là une bien réelle difficulté. Comme le prouvent aussi d'ailleurs les révisions successives du texte de l'*Origine des espèces* (2). Sans parler des divergences actuelles quant à sa définition (3).

Il y a longtemps qu'on a relevé les écarts de langage de Darwin, c'est-à-dire l'emploi d'un vocabulaire s'accordant mal avec le caractère non finaliste de la sélection naturelle. Le duc d'Argyll dans son ouvrage *The Reign of law* (1867), reprochait à Darwin de se donner une explication mécaniste apparente pour en fait raisonner en finaliste (4). Alphonse de Candolle, favorable au transformisme mais non convaincu par l'explication de l'efficacité de la sélection naturelle, devait lui aussi, quelques années plus tard, à propos d'un autre ouvrage, mais concernant des termes qu'emploie Darwin dans l'*Origine des espèces*, le mettre en garde. « Plusieurs passages de votre dernier ouvrage *(The different Forms of Flowers on Plants of the same Species)* m'ont fait faire une recherche linguistique, d'après laquelle il paraît que les mots *purpose*, *end*, n'ont pas en anglais le sens précis que nous donnons en français aux mots *but*, *fin*. Je me disais en lisant au haut de la page 7 « their corollas have

(1) D'ailleurs, on voit mal comment Naudin aurait pu saisir le sens de la sélection naturelle ; car il est un partisan de la conception traditionnelle de l'économie naturelle. Cf. citation de Naudin par Darwin, in *Origin* (Peckham), Intr. 59-60.

(2) Peckham dans l'introduction de son édition des variantes de l'*Origin* écrit que de la seconde à la sixième édition, cet ouvrage comporte 7 500 variantes (p. 9).

(3) G. L. Jepsen, Selection « orthogenesis » and the fossil record, in *Proc. Amer. Phil. Soc.*, 1959, 93, pp. 479-500, a relevé un bon nombre de définitions divergentes de la sélection naturelle ; certaines sont même contradictoires.

(4) Le duc d'Argyll tire ses citations de Darwin du même livre que de Candolle (cf. ci-dessous).

been increased in size for this special *purpose* » et page 9, vers le bas, « subserve any special *end* » Mr. Darwin, dont l'esprit philosophique poursuit méthodiquement les causes et les effets, aurait mieux fait de dire : « Their corollas being increased in size the *consequence* is, etc. » (...) Que diraient les Français s'ils lisaient dans un livre de géologie : « A la fin de l'époque tertiaire la vallée de la Tamise s'est abaissée dans le but que Londres eût un commerce immense, etc. » ou « Les côtes de France se sont élevées dans le but que les Français ne fussent pas des navigateurs ». Ils diraient assurément : « Qu'en sait-on ? L'auteur a pris des conséquences pour des buts, des effets pour des causes. Mais ces doutes et ces critiques de mon esprit sont tombés en ouvrant mon dictionnaire anglo-français (...). Ainsi, chacun de ces mots anglais a deux sens, contradictoires, tantôt un but prémédité, tantôt un effet, tantôt une cause, tantôt un résultat. Je doute que vos traducteurs aient fait attention à cette difficulté et je crains que l'ambiguïté de ces mots anglais ne conserve dans le public anglais une certaine confusion d'idées peu philosophiques » (1). La politesse de de Candolle ne doit pas masquer la réalité de ce problème chez Darwin lui-même. Au-delà de la pure question de vocabulaire, cela retentit sur la compréhension du statut même de la sélection naturelle.

La sélection naturelle est-elle un agent, un processus, ou un résultat ? Il ne semble pas que les contemporains de Darwin aient bien su à quoi s'en tenir à ce propos. Asa Gray ayant écrit à Darwin qu'il en parlait comme d'un agent, ce dernier lui répond : « I had not thought of your objection of my using the term « natural selection » as an agent. I use it much as a geologist does the word denudation — for an agent, expressing the result of several combined actions » (2). Wallace quant à lui distingue dans l'utilisation faite par Darwin de l'expression sélection naturelle deux sens différents ; d'une part, la préservation des variations favorables et le rejet des autres ; et d'autre part, l'effet de cette préservation (3). Que de telles observations soient justifiées, la lecture du texte de 1859 ne permet pas d'en douter. La sélection naturelle y est présentée sous diverses formes. Ainsi : « A natural selection can act only through and for the

(1) Lettre à Darwin, 31 juillet 1877, *in* C. Baehni, Correspondance de Charles Darwin et de Alphonse de Candolle, *Gesnerus*, 1955, 12, pp. 109-156, pp. 147-148.

(2) Lettre à Gray, 29 nov. 1859, *More Letters*, I, p. 126.

(3) *Life and Letters*, II, p. 230, note, Lettre de Wallace à Darwin, 2 juillet 1866 ; aussi *More Letters*, I, pp. 267-270.

good of each being » (1), « the action of natural selection » (2) et encore : « By this process of the continued preservation or natural selection » (3) ; « the process of selection », « nature's power of selection » (4) ; « the swiftest and slimmest wolves would have the best chance of surviving, and so be preserved or selected » (5), « this preservation of favourable variations and the rejection of injurious variations I call Natural Selection » (6). « It may be said that natural selection, is daily and hourly scrutinizing, throughout the world, every variation, even the slightest ; rejecting that which is bad, preserving and adding up all that is good ; silently and insensibly working, whenever and wherever opportunities offer... » (7). « Can we wonder, then that Nature's productions should be far « truer » in character that man's productions, that they should be infinitely better adapted to the most complex conditions of life, and should plainly bear the stamp of *far higher workmanship* ? » (8). On reconnaît à cette dernière phrase le fidèle lecteur et l'admirateur de Paley. Dans la présentation de Darwin, l'efficace de la nature est à celle de l'homme ce qu'était dans l'argumentation de Paley l'efficace de Dieu, le suprême inventeur, comparé à l'homme, inventeur mineur. Aussi n'est-il pas étonnant qu'on ait fait à Darwin le reproche de déifier la nature, ce dont il devait se défendre en écrivant : « Il est difficile d'éviter la personnification du terme nature ; mais j'entends par nature uniquement l'action globale et le produit de plusieurs lois naturelles, et par lois j'entends une séquence d'événements, tels que nous les constatons » (9).

S'il était difficile à Darwin d'éviter de personnifier la nature et d'en parler comme d'un être qui ait des intentions, alors que ce problème ne se posait pas pour Wallace dans son article de 1858, c'est que, comme l'écrit ce dernier à Darwin : « Tout vient de l'emploi du terme « sélection naturelle » et de la comparaison constante qui est faite de ses effets avec ceux de la sélection

(1) *Origin* (Darlington), p. 72.
(2) *Ibid.*, p. 77.
(3) *Ibid.*, p. 80.
(4) *Ibid.*, p. 95.
(5) *Ibid.*, p. 78.
(6) *Ibid.*, p. 70.
(7) *Ibid.*, p. 72.
(8) *Ibid.* Les *italiques* sont de nous.
(9) « It is difficult to avoid personifying the word nature ; but I mean by nature only the agregate action and product of many natural laws, and by laws the sequence of events as ascertained by us. » *Origin* (Peckham), IV, 14.6 — 9 : C.

humaine (1). Il lui propose de substituer à l'expression de « sélection naturelle » celle de « survival of the fittest » que Darwin devait utiliser de pair avec la première à compter de la cinquième édition (2), s'attirant ainsi de nouvelles critiques jusqu'à ce jour, et dont l'examen dépasse notre propos (3).

Dans la troisième édition, il admettait l'impropriété du terme de sélection naturelle, mais s'en tenait néanmoins à cette expression en se fondant sur des cas analogues dans les terminologies d'autres sciences (4).

Que l'explication darwinienne soit non finaliste est certain, comme il n'est pas douteux que le fâcheux rapprochement avec la sélection artificielle, contrairement au but recherché, en altérait la compréhension. Même convaincu que l'expression sélection naturelle est impropre, Darwin continua à l'utiliser, concurrement avec de nouvelles expressions, maintenant la confusion. Comme il s'en explique à quelques reprises, il veut absolument maintenir le rapprochement entre les deux formes de sélection (5). Contrairement à Wallace qui perçoit bien que là gît la source de toutes les confusions, Darwin se conduit comme un pédagogue vaincu par sa pédagogie : il est incapable de saisir que c'est le procédé même de sa présentation qui retentit sur ses explicitations de la sélection naturelle (6).

Pourquoi Darwin, malgré les critiques, a-t-il maintenu dans les éditions subséquentes de l'*Origine des espèces* l'expression « sélection naturelle » et le parallèle entre les deux sélections ? Pour

(1) Lettre à Darwin, 2 juillet 1866, *More Letters*, I, pp. 267-268 : « This arises entirely from your choice of the term « Natural Selection » and so constantly comparing it in its effects to Man's Selection. »

(2) Peckham, dans sa préface, p. 22.

(3) On sait qu'en effet beaucoup tiennent la nouvelle formulation de la « survivance du plus apte » pour tautologique, dans le cadre d'une explication fondée sur la sélection naturelle.

(4) Peckham, édit., *Origin of species*, IV, 14, 5 : *c*. « In the literal sense of the word, no doubt, natural selection is a misnomer ; but who ever objected to chemists speaking of the elective affinities of the various elements ? — and yet an acid cannot strickly be said to elect the base with which it will in presence combine. »

Dans une lettre à W. H. Harvey en août 1860 (*More Letters*, I, p. 161) il écrit : « The term « Natural Selection », I see deceives many persons, (...). If I had to rewrite my book, I would use « natural preservation » or « naturally preserved ». Cf. aussi, Lettre à Lyell, 28 sept. 1860, *Life and Letters*, II, pp. 138-139.

(5) Notamment, Lettre à Lyell, 6 juin 1860, *Life and Letters*, II, p. 111.

(6) Cf. aussi Lettre à Wallace, 5 juillet 1866, *More Letters*, I, pp. 270-271 : « I formely thought, probably in an exagerated degree, that it was a great advantage to bring into connection natural and artificial selections ; this indeed led me to use a term in common, and I still think it has some advantage. »

plusieurs raisons sans doute. D'abord à cause de l'atmosphère du combat. La sélection naturelle était devenue un signe de ralliement ; supprimer l'expression eût été donner l'impression d'un recul devant l'adversaire. Aussi sans doute, parce que Darwin, sans en avoir la claire conscience, tenait à marquer une certaine originalité à l'égard de Wallace. Il n'était d'ailleurs probablement pas totalement conscient des difficultés qu'avait engendrées le parallèle des deux sélections et l'eût-il été qu'on peut se demander s'il eût modifié ses positions : Wallace lui-même, pourtant assez perspicace pour percevoir les dangers, n'emprunta pas moins à Darwin le terme de « sélection naturelle » et publia en 1870 ses *Contributions to the theory of Natural Selection.* Il est donc vraisemblable de penser que les considérations stratégiques ont joué sur ce point un rôle prédominant. Une autre cause enfin tient sûrement à ce que Darwin, depuis 1842, avait pris l'habitude de relier le processus naturel de formation des nouvelles espèces à la sélection artificielle, qu'il s'était lui-même transformé en éleveur et avait peine à ne pas penser le processus naturel sous le jour de l'artifice. D'ailleurs, dans l'*Origine des espèces*, le rôle directeur des considérations de distribution géographique est tout à fait occulté, ce qui montre assez combien le parallèle des deux sélections avait profondément transformé les schèmes d'argumentation de Darwin. Sous cet aspect, l'*Origine des espèces* est une œuvre qui a oublié ses véritables origines et même son commencement, comme elle a tu que trente ans plus tôt tout s'était joué sur la notion d'adaptation.

On a vu précédemment comment dans les textes de 1842 et 1844, l'accent mis sur la similarité des deux sélections avait conduit Darwin à s'attacher à l'aspect positif de la sélection naturelle, au choix des variants favorisés, et comment ses réflexions sur le problème du rapport de la sélection naturelle à l'isolement, et des observations sur l'intensité de la lutte pour l'existence l'avaient au contraire conduit à souligner le rôle négatif, éliminatoire de la sélection naturelle, rendant ainsi possible sa solution écologique au problème de la spéciation. Dans le texte de 1859, malgré des survivances des conceptions antérieures, les organismes donnant lieu à la formation d'espèces nouvelles, ce ne sont pas tellement ceux qui sont « choisis » que ceux qui échappent à l'extermination, ce par quoi se trouve solutionné le problème des croisements des variants favorisés avec la population restée fidèle au type, question très précisément étudiée précédemment par Vorzimmer.

Sans connaître les méandres du développement de la pensée

darwinienne, le perspicace Wallace avait bien saisi comment la sélection naturelle comprise par comparaison avec la sélection artificielle devait subir une distorsion de sens puisque c'est la mortalité qui est « sélective », et non l'intervention d'un agent comme dans le cas de la sélection artificielle (1). Les individus favorisés — au sens où ils survivent — dans la mesure où ils peuvent ainsi laisser une descendance contribuent à la transformation de l'espèce (2).

Dans sa conclusion à l'*Origine des espèces*, Darwin a montré comment la théorie de l'évolution par la sélection naturelle mettait fin au règne de la métaphore dans l'histoire naturelle (3) et C. Nowinski a montré récemment comment la théorie de la sélection naturelle est une métathéorie du système de classification (4). Néanmoins, on l'a vu, toute la théorie de la sélection naturelle est construite sur la métaphore d'un sélectionneur naturel. Dans un ouvrage qui effectue la coupure avec les théories biologiques métaphoriques, il était périlleux d'utiliser cette métaphore — dont Wallace faisait l'économie en 1858 Le darwinisme, ce n'est pas le transformisme — ce que nous porte quelquefois à oublier l'intrication des arguments en faveur de la sélection naturelle avec ceux qui appuient seulement une conception transformiste. Le darwinisme c'est une explication particulière qui a prouvé sa fécondité, et à laquelle on doit d'avoir imposé au XIXe siècle finissant la conception transformiste. N'était l'importance événementielle de l'apport de Darwin, on eût pu tout aussi bien donner à la théorie le nom

(1) Lettre à Darwin, 2 juillet 1866, *More Letters*, I, pp. 267-268 : « Natural selection is a metaphorical expression and to a certain degree indirect and incorrect, since, even personifying Nature, she does not so much select special variation as exterminate, the most unfavoured ones. »

(2) On sait que Darwin, contrairement à Wallace, attachait plus d'importance au nombre de la progéniture qu'à la nourriture disponible. Il n'y a chez Darwin rien qui ressemble à une régulation des taux de reproduction par la sélection naturelle elle-même.

A propos de cet aspect de la lutte pour l'existence, on remarquera que dans l'*Origin*, comme en 1856-1858, la sélection sexuelle ne fait pas partie de la sélection naturelle. Il s'agit d'un autre processus. Si chez Darwin la sélection sexuelle n'est pas une sélection « naturelle » ce n'est pas comme pourrait le proposer un esprit malicieux par l'effet d'un lapsus typiquement victorien, mais bien parce que la sélection sexuelle ne s'explique pas en terme de conséquence d'une pression de population.

(3) *Origin* (Darlington), p. 411 : « The terms used by naturalists of affinity, relationship, community of type, paternity, morphology, adaptive characters, rudimentary and abortive organs, etc., will cease to be metaphorical and will have a plain signification. »

(4) C. Nowinski, Biologie, théories du développement et dialectique, in *Logique et connaissance scientifique* (Piaget, édit.), Bibliothèque de la Pléiade, 1967, p. 869.

de Wallace, qui dans sa première exposition de la théorie fit l'économie d'un concept devant, par l'analogie qui le soustend, engendrer bien des difficultés, avant que, avec l'apparition de la génétique, disparaisse la constante référence à l'artifice, et que, par conséquent, dans les travaux scientifiques, une fois rappelée au passage l'origine prétendue du concept, l'on donnât à celui-ci une signification qui ne s'entend plus par référence à un acte finalisé.

conclusion

Le moment essentiel des travaux ici étudiés n'est donc pas celui de l'abandon du fixisme, ni même celui de la prise en considération d'une lutte pour l'existence. Ces attitudes étaient anciennes, et déjà s'étaient fort bien accommodées de la conception d'une économie naturelle conservatrice.

Le moment d'inflexion, celui où l'histoire naturelle prend un cours nouveau, c'est celui de la révision du concept d'adaptation. Là dans le cadre de la biogéographie s'effectua vers 1837-1839 la réorganisation potentielle de tout le champ des disciplines jusque-là disjointes qui avaient le vivant pour objet. Réorganisation annoncée par Lamarck et Treviranus, mais que Wallace et Darwin allaient réussir sur un tout autre terrain, permettant pour la première fois de penser la *biologie* dans son unité.

Ce fait essentiel requis pour comprendre le lieu et la dimension véritables du bouleversement introduit par les travaux de Wallace et Darwin, nous a été masqué par les deux éléments principaux de l'explication généralement admise jusqu'ici : le passage heuristique de la sélection artificielle à la sélection naturelle et le rôle nécessaire et décisif attribué à la lecture de Malthus par ces auteurs.

Au monde harmonieux de l'économie naturelle, la révolution dite darwinienne a substitué un monde réglé par un système de causalités non finalisées, et pourtant téléonomiques, fonctionnant à partir de conjonctions aléatoires entre l'existence de niches écologiques occupables et l'apparition de variations rendant possible cette occupation. Cette présence de l'aléatoire au cœur même du processus de transformation des espèces, comme partie de la règle d'organisation du monde vivant, rompt brutalement avec toute la tradition antérieure en histoire naturelle.

Et ce décrochage, dont le moment clef est celui de la révision du concept d'adaptation — condition de toutes les étapes suivantes jusqu'à la conception écologique attachée à l'aléatoire — ne s'explique pas depuis un acte unique, psychologique, qui le ferait paraître. On peut trouver dans l'histoire psychologique de Darwin des raisons pour expliquer l'élaboration chez *Darwin* de la théorie qui porte son nom ; mais cette histoire ne nous permet nullement de comprendre comment la sélection naturelle paraît à telle époque en tel lieu. L'acte qui doit faire paraître la sélection naturelle n'est en aucune façon superposable à certains actes subjectifs qui peuvent à certains moments lui servir de ressorts. Des traits biographiques peuvent permettre des repérages des conjonctions qui produisent les actes scientifiques significatifs, mais en aucun cas, ils ne peuvent former des parties intégrantes de l'explication pour un historien des sciences. Son registre est autre.

Il n'était pas nécessaire que *Darwin* ou *Wallace* élaborassent leur théorie pour qu'elle parût ; mais il était nécessaire que la configuration conceptuelle de l'histoire naturelle de l'époque fût modifiée à partir du moment où les travaux de biogéographie produisaient des résultats inconciliables — pour des esprits formés à la théologie naturelle anglaise (1) — avec la conception admise de l'adaptation des organismes à leur environnement. La théorie dite darwinienne est le résultat de travaux dans la configuration théorique particulière à la pratique scientifique des naturalistes anglais de la première moitié du XIXe siècle, à la rencontre des recherches nouvelles en biogéographie. L'acte scientifique qui produit cette théorie n'a pas sa raison d'être dans quelque subjectivité.

C'est le principe qui s'est fait jour au cours de l'élaboration de ce travail, ce pourquoi il ne pouvait s'agir ici de biographie. Si Darwin peut sembler le centre de la recherche, c'est seulement que l'ensemble de ses œuvres forme pour l'étude du concept analysé le corpus le plus considérable, comme celui que des circonstances somme toute purement accidentelles — mais qui ont marqué l'historiographie de la question — ont identifié à la théorie nouvelle. La tâche de l'historien des sciences n'est pas de départager les savants du passé mais de comprendre la formation et les transformations des concepts, des théories scientifiques et des méthodes de recherche. D'un travail comme celui-ci, Darwin ne peut sortir ni grandi ni diminué, la valeur humaine des savants n'est pas en question. En histoire des sciences les noms propres ne devraient avoir que valeur d'index.

(1) En somme, W. F. CANNON (The bases of Darwin's achievement : a revaluation, *Victorian Studies*, 1961-1962, 5, pp. 109-134) aurait raison d'insister sur l'importance de la théologie naturelle pour la naissance du darwinisme. Mais ce que cette théologie fournit, ce ne serait pas la charpente de la nouvelle théorie, mais bien le *terrain de la rupture*.

appendices

APPENDICE A

Quelques notes de Darwin à la 5e édition des Principles of Geology *de Charles Lyell* (1)

Les annotations de Darwin sont en italiques et incluses entre crochets dans le texte de Lyell qui résume ici son point de vue en regard de la réalité de l'espèce à l'état de nature.

— **Vol. 2, pp. 441-442 :**

« First, that there is a capacity in all species to accomodate themselves, to a certain extent, to a change of external circumstances, this extent varying greatly according to the species.

2ndly. When the change of situation which they can endure is great [*or small*], it is usually attended by some modifications of the form, colour, size, structure, or other particulars ; but the mutations thus superinduced are governed by constant laws, and the capability of so varying forms part of the permanent specific character.

[2° *The changes apparently being rapidly superinduced, in domesticated animals N.B. The very character of species is character being hereditary, and as we know can find forms not hereditary, some that are we might expect gradation.*]

3ndly. Some acquired peculiarities of form, structure, and instinct, are transmissible to the offspring [*with no tendency to go back*] ; but these consist of such qualities and attributes only as are intimately related to the normal wants and propensities of the species [*respect to changes superinduced in short period*].

4thly. The entire variation from the original type, which any given kind of change can produce, may usually be effected in a brief period

(1) Ces annotations sont tirées de l'exemplaire conservé à la B.U.C. S. SMITH en a déjà reproduit la majeure partie dans son article : Evolution : Two books and some Darwin Marginalia, *Victorian Studies*, sept. 1959, pp. 109-114.

of time, after which no farther deviation can be obtained by continuing to alter the circumstances, though ever so gradually, — indefinite divergence, either in the way of *improvement or deterioration* (1) being prevented, and the least possible excess beyond defined limits being fatal to the existence of the individual : [En marge : « *if this were true adios theory* »].

5thly. The intermixture of distinct species is guarded against by the aversion of the individuals composing them to sexual union, or by the sterility of the mule offspring. It does not appear that true hybrid races have ever been perpetuated for several generations, even by the assistance of man ; for the cases usually cited relate to the crossing of mules with individuals of pure species, and not to the intermixture of hybrid with hybrid.

[*The great difficult appears, that though some animals long domesticated change not indefinite (Do we know this), but most domesticated animals are hereditary monsters. Yet we should have expected some race which would have showed a slight repugnance to breed with our animals.*]

6thly. From the above considerations, it appears that species have a real existence in nature, and that each is endowed, at the time of its creation, with the attributes and organization by which it is now distinguished. »

D'autres annotations significatives sont dispersées dans l'ouvrage. Par exemple :

— **Vol. 2, p. 368 :**

à la suite de l'exposition de la théorie lamarckienne par Lyell, Darwin note en marge : [*Isolation not considered.*]

— **Vol. 2, p. 374 :**

Contre l'argument selon lequel si la transformation des espèces avait pu s'effectuer il n'y aurait plus d'organismes inférieurs, Darwin écrit en bas de page : [*Because there were localities fitted for simplest animals, as well as the most complex. Therefore some remained simpled, if not created.*]

— **Vol. 2, p. 376 :**

à propos de la tendance à la progression chez Lamarck, il note en marge : [*Very diff. from my view.*]

— **Vol. 3, p. 81 :**

il porte en marge à propos d'une discussion sur les centres de création : [*All this agree perfectly with my theory.*]

(1) Ces trois mots sont soulignés par Darwin.

Appendice B

Patrick Matthew : textes sur le problème des espèces

« There is a law universal in nature, tending to render every reproductive being the best possibly suited to its condition that its kind, or that organized matter, is susceptible of, which appears intended to model the physical and mental or instinctive powers, to their highest perfection, and to continue them so. This law sustains the lion in his strength, the hare in her swiftness, and the fox in his wiles. As Nature, in all her modifications of life, has a power of increase far beyond what is needed to supply the place of what falls by Time's decay, those individuals who possess not the requisite strength, swiftness, hardihood, or cunning, fall prematurely without reproducing — either a prey to their natural devourers, or sinking under disease, generally induced by want of nourishment, their place being occupied by the more perfect of their own kind who are pressing on the means of subsistence. » (*Naval Timber and Arboriculture*, London, 1831, pp. 364-365.)

« Throughout this volume, we have felt considerable inconvenience, from the adopted dogmatical classification of plants, and have all along been floundering between species and variety, which certainly under culture soften into each other. A particular conformity, each after its own kind, when in a state of nature, termed species, no doubt exists to a considerable degree. This conformity has existed during the last forty centuries. Geologists discover a like particular conformity — fossil species — through the deep deposition of each great epoch, but they also discover an almost complete difference to exist between the species or stamp of life, of one epoch from that of every other. We are therefore led to admit, either of a repeated miraculous creation ; or of a power of change, under a change of circumstances, to belong to living organized matter, or rather to the congeries of inferior life, which appears to form superior. The derangements and changes in organized existence, induced by a change of circumstance from the interference of man, affording us proof of the plastic quality of superior life, and the likelihood that circumstances have been very different in the different epochs, though steady in each, tend strongly to heighten the probability of the latter theory.

« When we view the immense calcareous and bituminous formations, principally from the waters and atmosphere, and consider the oxidations and depositions which have taken place, either gradually, or during some of the great convulsions, it appears at least probable, that the liquid elements containing life have varied considerably at different times in composition and in weight ; that our atmosphere has contained a much greater proportion of carbonic acid or oxygen ; and our waters, aided by excess of carbonic acid, and greater heat resulting from greater density of atmosphere, have contained a greater quantity of lime and other mineral solutions. Is the inference then unphilosophic, that living things which are proved to have a circumstance-suiting power — a very slight change of circumstance by culture inducing a corresponding change of character — may have gradually accommodated themselves to the variations of the elements containing them, and, without new creation, have presented the diverging changeable phenomena of past and present organized existence.

« The destructive liquid currents, before which the hardest mountains have been swept and comminuted into gravel, sand, and mud, which intervened between and divided these epochs, probably extending over the whole surface of the globe, and destroying nearly all living things, must have reduced existence so much, that an unoccupied field would be formed for new diverging ramifications of life, which, from the connected sexual system of vegetables, and the natural instincts of animals to herd and combine with their own kind, would fall into specific groups, these remnants, in the course of time, moulding and accommodating their being anew to the change of circumstances, and to every possible means of subsistence, and the millions of ages of regularity which appear to have followed between the epochs, probably after this accommodation was completed, affording fossil deposit of regular specific character.

« There are only two probable ways of change — the above, and the still wider deviation from present occurrence, — of indestructible or molecular life (which seems to resolve itself into powers of attraction and repulsion under mathematical figure and regulation, bearing a slight systematic similitude to the great aggregations of matter), gradually uniting and developing itself into new circumstance-suited living aggregates, without the presence of any mould or germ of former aggregates, but this scarcely differs from new creation, only it forms a portion of a continued scheme or system.

« In endeavouring to trace, in the former way, the principle of these changes of fashion which have taken place in the domiciles of life, the following questions occur : Do they arise from admixture of species nearly allied producing intermediate species ? Are they *the diverging ramifications* of the living principle under modification of circumstance ? Or have they resulted from the combined agency of both ? Is there only one living principle ? Does organized existence, and perhaps all material existence, consist of one Proteus principle of life capable of gradual circumstance-suited modifications and aggregations, without bound under the solvent or motion-giving principle, heat or light ? There is more beauty and unity of design in this continual balancing of life to circumstance, and greater conformity to those dispositions of nature which are manifest to us, than in total destruction and new creation. It is improbable that much of this diversification is owing to commixture of species nearly allied, all change by this appears very limited, and confined within the bounds of what is called Species ; the progeny of the same parents, under great difference of circumstance, might, in several generations, even become distinct species, incapable of co-reproduction.

« The self-regulating adaptive disposition of organized life may, in part, be traced to the extreme fecundity of Nature, who, as before stated, has, in all the varieties of her offspring, a prolific power much beyond (in many cases a thousandfold) what is necessary to fill up the vacancies caused by senile decay. As the field of existence is limited and pre-occupied, it is only the hardier, more robust, better suited to circumstance individuals, who are able to struggle forward to maturity, these inhabiting only the situations to which they have superior adaptation and greater power of occupancy than any other kind ; the weaker, less circumstance-suited, being prematurely destroyed. This principle is in constant action, it regulates the colour, the figure, the capacities, and instincts ; those individuals of each species, whose colour and covering are best suited to concealment or protection from enemies, or defence from vicissitude and inclemencies of climate, whose figure is best accommodated to health, strength, defence, and support ; whose capacities and instincts can best regulate the physical energies to self-advantage according to circumstances — in such immense waste of primary and youthful life, *those* only come forward to maturity from the strict ordeal by which Nature tests their adaptation to her standard of perfection and fitness to continue their kind by reproduction.

« From the unremitting operation of this law acting in concert with the tendency which the progeny have to take the more particular qualities of the parents, together with the connected sexual system in vegetables, and instinctive limitation to its own kind in animals, a considerable uniformity of figure, colour, and character, is induced, constituting species ; the breed gradually acquiring the very best possible adaptation of these to its condition which it is susceptible of, and when alteration of circumstance occurs, thus changing in character to suit these as far as its nature is susceptible of change.

« This circumstance-adaptive law, operating upon the slight but continued natural disposition to sport in the progeny (seedling variety), does not preclude the supposed influence which volition or sensation may have over the configuration of the body. To examine into the disposition to sport in the progeny, even when there is only one parent, as in many vegetables, and to investigate how much variation is modified by the mind or nervous sensation of the parents, or of the living thing itself during its progress to maturity ; how far it depends upon external circumstance, and how far on the will, irritability and muscular exertion, is open to examination and experiment. In the first place, we ought to investigate its dependency upon the preceding links of the particular chain of life, variety being often merely types or approximations of former parentage ; thence the variation of the family, as well as of the individual, must be embraced by our experiments.

« This continuation of family type, not broken by casual particular aberration, is mental as well as corporeal, and is exemplified in many of the dispositions or instincts of particular races of men. These innate or continuous ideas or habits, seem proportionally greater in the insect tribes, those especially of shorter revolution ; and forming an abiding memory, may resolve much of the enigma of instinct, and the foreknowledge which these tribes have of what is necessary to completing their round of life, reducing this to knowledge, or impressions, and habits, acquired by a long experience. This greater continuity of existence, or rather continuity of perceptions and impressions, in insects, is highly probable ; it is even difficult in some to ascertain the particular stops when each individuality commences, under the different phases of egg, larva, pupa, or if much consciousness of indiduality exists. The continuation of reproduction for several generations by the females alone in some of these tribes, tends to the probability of the greater continuity of existence, and the subdivisions of life by cuttings, at any rate must stagger the advocate of individuality.

« Among the millions of *specific varieties* of living things which occupy the humid portion of the surface of our planet, as far back as can be traced, there does not appear, with the exception of man, to have been any particular engrossing race, but a pretty fair balance of powers of occupancy, — or rather, most wonderful variation of circumstance parallel to the nature of every species, as if circumstance and species had grown up together. There are indeed several races which have threatened ascendency in some particular regions, but it is man alone from whom any general imminent danger to the existence of his brethren is to be dreaded.

« As far back as history reaches, man had already had considerable influence, and had made encroachments upon his fellow denizens, probably occasioning the destruction of many species, and the production and continuation of a number of varieties or even species, which he found more suited to supply his wants, but which, from the infirmity of their condition — not having undergone selection by the law of nature, of which we have spoken, cannot maintain their ground without his culture and protection.

« It is, however, only in the present age that man has begun to reap the fruits of his tedious education, and has proven how much « knowledge is power ». He has now acquired a dominion over the material world, and a consequent power of increase, so as to render it probable that the whole surface of the earth may soon be overrun by this engrossing anomaly, to the annihilation of every wonderful and beautiful variety of animated existence, which does not administer to his wants principally as laboratories of preparation to befit cruder elemental matter for assimilation by his organs. » (*Ibid.*, pp. 381-388.)

Appendice C. — *Tableau graphique illustrant les effets du principe de divergence*

(tiré de l'*Origine des espèces*)

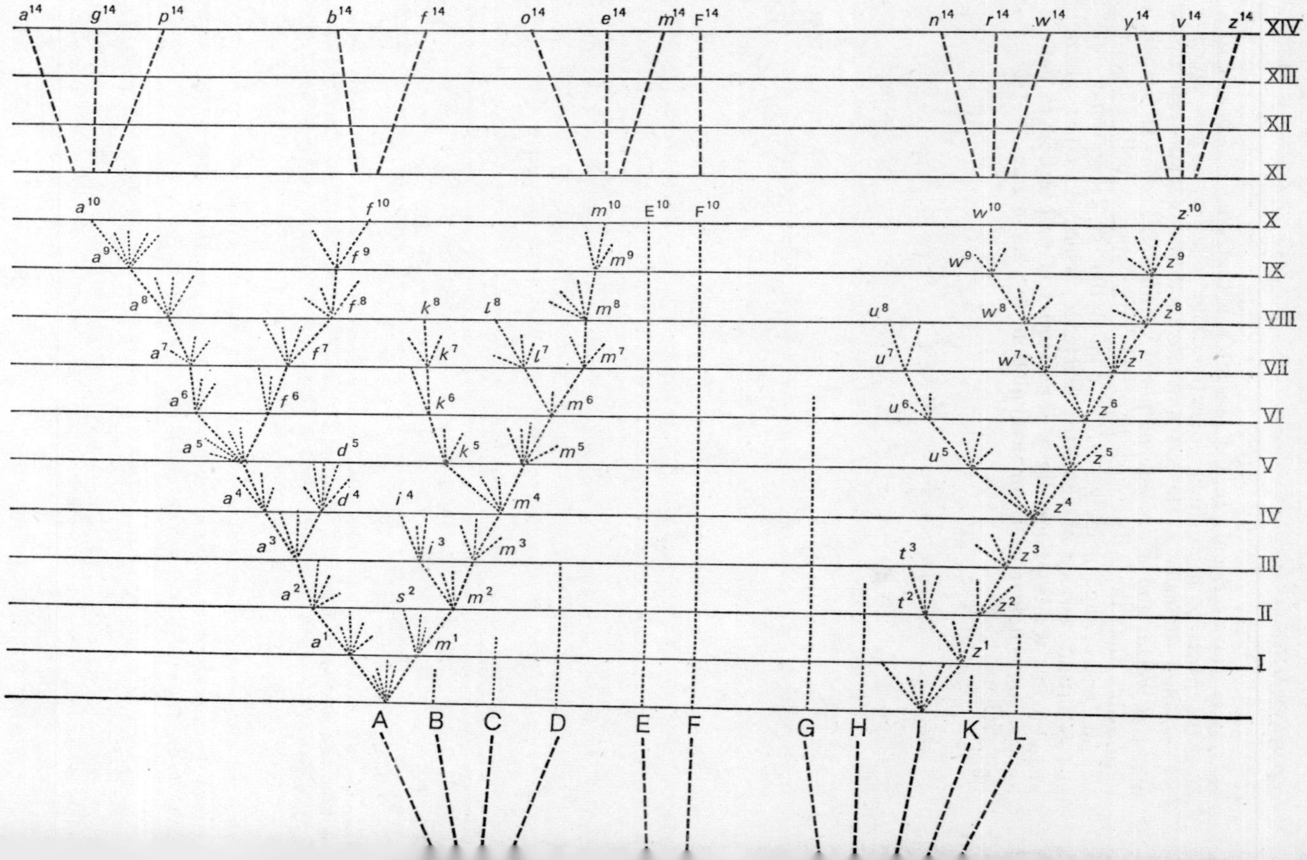

bibliographie

I. — ÉCRITS DE DARWIN

1. *Bibliographies des œuvres de Darwin.*

[1] FREEMAN (R. B.). *The Works of Charles Darwin. An annotated bibliographical handlist.* Londres, Dawsons of Pall Mall, 1965.

[2] DARWIN (F.). Appendix II, *in* [19] ci-dessous.

[3] GAVIN DE BEER (Sir R.). Bibliographie des lettres de Darwin publiées dans divers ouvrages et revues, *in* [26], pp. 60-62.

2. *Travaux de Darwin utilisés dans ce livre.*

[4] DARWIN (C.). A sketch of the Deposits containing extinct Mammalia in the Neighbourhood of La Plata, in *Proceedings of the Geological Society of London*, 1838, 2, pp. 542-544.

[5] DARWIN (C.). *Narrative of the Surveying Voyages of Her Majesty's Ships « Adventure » and « Beagle » between the years 1826 and 1836 describing their examination of the Southern shores of South America, and the « Beagle » circumnavigation of the globe, vol. III : Journal and Remarks, 1832-1836.* Londres, Murray, 1839.

[6] DARWIN (C.). *Journal of Researches into the Natural History and Geology of the Countries visited during the voyage of H.M.S. « Beagle » round the world.* Londres, Lock & Co., s.d.

Cet ouvrage est une réimpression de la seconde édition publiée en 1845 du titre [5].

[7] DARWIN (C.). *Zoology of the Voyage of H.M.S. « Beagle »*, edited and superintended by Charles Darwin :

Part I : *Fossil Mammalia*, by Richard OWEN, with a Geological Introduction, by Charles DARWIN. Londres, Smith Elder & Co., 1840.

Part II : *Mammalia*, by George R. WATERHOUSE, with a notice of their habits and ranges, by Charles DARWIN. Londres, 1839.

Part III : *Birds*, by John GOULD. Londres, 1841.

Part IV : *Fish*, by Rev. Leonard JENYNS. Londres, 1842.

Part V : *Reptiles*, by Thomas BELL. Londres, 1843.

[8] DARWIN (C.). Bibliographical Notice, A Natural History of Mammalia, by G. R. WATERHOUSE, in *Annals and Magazine of Natural History*, 1847, 19, pp. 53-56.

[9] DARWIN (C.). *A Monograph of the Fossil Lepadidae, or Pedunculated Cirripedes of Great Britain.* Londres, Palaeontographical Society, 1851.

[10] DARWIN (C.). *A Monograph of the Sub-Class Cirripedia, with figures of all species. The Lepadidae, or Pedunculated Cirripedes.* Londres, Ray Society, 1851.

[11] DARWIN (C.). *A Monograph of the Sub-Class Cirripedia. The Balanidae... The Verrucidae.* Londres, Ray Society, 1854.

[12] DARWIN (C.). *A Monograph of the Fossil Balanidae and Verrucidae of Great Britain.* Londres, Palaeontographical Society, 1854.

[13] DARWIN (C.). *On the Origin of Species by means of Natural Selection ; or the preservation of Favoured Races in the Struggle for Life.* A fac-simile reprint of the first edition, with an introduction by Ernst MAYR, Cambridge, Harvard University Press, 1966.

[14] DARWIN (C.). *Ibid.*, A reprint of the first edition, with a foreword by C. D. DARLINGTON. Londres, Watts & Co., 1950.

[15] DARWIN (C.). *The Origin of species. A variorum text* edited by Morse Peckham. Philadelphie, University of Pennsylvania Press, 1959.

[16] DARWIN (C.). *The Variations of Animals and Plants under Domestication.* Londres, Murray, 1868, 2 vol.

[17] DARWIN (C.). *The Descent of Man and Selection in relation to Sex.* New York, Appleton, 1873, 2 vol.

[18] DARWIN (C.). « Preliminary Notice » *in* KRAUSE (E.), *Erasmus Darwin*, translated from the German, by W. S. DALLAS. Londres, Murray, 1879, pp. 1-127.

[19] DARWIN (F.). *Life and Letters of Charles Darwin*, edited by his son Francis Darwin. New York, Appleton, 1899, 2 vol.

[20] DARWIN (F.) and SEWARD (A. C.). *More Letters of Charles Darwin*, A record of his work in a series of Hitherto unpublished letters, edited by F. Darwin and A. C. Seward. Londres, Murray, 1903, 2 vol.

[21] BARLOW (N.). *Charles Darwin's Diary of the Voyage of H.M.S. Beagle*, edited from the MS by Nora Barlow. Cambridge, University Press, 1933.

[22] BARLOW (N.). *Charles Darwin and the Voyage of the Beagle*, edited with an Introduction by Nora BARLOW. Londres, Pilot Press, 1945.

[23] DARWIN (C.). *The Autobiography of Charles Darwin, 1809-1882*, with original omissions restored, edited with appendix and Notes by his granddaughter Nora BARLOW. Londres, Collins, 1958.

[24] DARWIN (C.) and WALLACE (A. R.). *Evolution by Natural Selection*, with a Foreword by Sir GAVIN DE BEER. Cambridge, University Press, 1958.

On trouve dans cet ouvrage une *Introduction to the Sketch of 1842 and the Essay of 1844* par Francis DARWIN, le texte du *Sketch of 1842* et celui de l'*Essay of 1844*, avec les communications de DARWIN et WALLACE à la séance de la Linnean Society of London du 1er juillet 1858.

[25] BAEHNI (C.). Correspondance de Charles Darwin et d'Alphonse de Candolle, in *Gesnerus*, 1955, 12, pp. 109-156.

[26] GAVIN DE BEER (Sir R.). Some unpublished letters of Charles Darwin, in *Notes and Records of the Royal Society of London*, 1959, 14, pp. 12-66.

[27] GAVIN DE BEER (Sir R.), ed. *Darwin's Journal*. Londres, *Bulletin of the British Museum (Natural History)*, Historical Series, 1959, vol. 2, nº 1.

[28] GAVIN DE BEER (Sir R.). Further unpublished letters of Charles Darwin, in *Annals of Science*, 1960, 14, pp. 83-115.

[29] GAVIN DE BEER (Sir R.). *Darwin's Notebooks on Transmutation of Species.*

Part I : *First Notebook (July 1837-February 1838)*, edited with an Introduction and Notes by Sir GAVIN DE BEER. Londres, *Bulletin of the British Museum (Natural History)*, Historical Series, 1960, vol. 2, nº 2.

Part II : *Second Notebook (February 1838-July 1838). Ibid.*, 1960, vol. 2, nº 3.

Part III : *Third Notebook (July 15th 1838-October 2nd 1838). Ibid.*, 1960, vol. 2, nº 4.

Part IV : *Fourth Notebook (October 1838-10 July 1839). Ibid.*, 1960, vol. 2, nº 5.

Part V : *Addenda and Corrigenda*, edited with Notes by Sir GAVIN DE BEER and M. J. ROWLANDS. *Ibid.*, 1961, vol. 2, nº 6.

Part VI : *Pages excised by Darwin*, edited by Sir GAVIN DE BEER, M. J. ROWLANDS and B. M. SKRAMOVSKY. *Ibid.*, 1967, vol. 3, nº 5.

[30] BARRET (P. H.). A transcription of Darwin's First Notebook on « Transmutation of species », *Bull. Mus. Comp. Zool. Harvard*, 1960, 122, pp. 245-296.

[31] BARLOW (N.). *Darwin's Ornithological Notes*, edited with an Introduction, Notes and Appendix by Nora BARLOW. Londres, *Bulletin of the British Museum (Natural History)*, Historical Series, 1963, vol. 2, nº 7.

[32] BARLOW (N.). *Darwin and Henslow. The Growth of an Idea. Letters 1831-1860.* Londres, Bentham-Moxon & Murray, 1967.

3. *Manuscrits de Charles Darwin.*

[33] *Handlist of Darwin Papers at the University Library Cambridge.* Cambridge University Press, 1960.

Ce catalogue fournit une description sommaire des 157 volumes des manuscrits darwiniens conservés à Cambridge. On trouvera la liste des volumes utilisés pour ce travail dans nos notes en bas de page.

[34] RUTHERFORD (H. W.). *Catalogue of the Library of Charles Darwin now in the Botany School Cambridge.* Cambridge University Press, 1908.

[35] *Darwin Library. List of Books received in the University Library Cambridge. March-May 1961.* Cambridge University Library, fascicule ronéotypé.

Ces deux derniers numéros comprennent tous les livres de la bibliothèque personnelle de Darwin. Un grand nombre de ceux-ci porte des annotations.

[36] VORZIMMER (P.). *A catalogue of the Darwin Reprint Collection at the Botany School Library.* Mars 1963, texte dactylographié déposé à l'Anderson Room de la Cambridge University Library.

Il s'agit de la liste des tirés-à-part conservés par Darwin. Cette collection compte plus de 2 200 pièces et contient de très nombreuses annotations marginales de Darwin. Ces textes se trouvent actuellement à la Cambridge University Library.

II. — TRAVAUX D'AUTEURS ANTÉRIEURS AU XXe SIÈCLE

[37] AGASSIZ (L. C.). *Louis Agassiz. His Life and Correspondence.* Boston, Haughton Mifflin, 1886, 2 vol.

[38] AGASSIZ (L.). *De la succession et du développement des êtres organisés à la surface du globe terrestre dans les différents âges de la nature.* Neuchâtel, Wolfrath, 1841.

[39] AGASSIZ (L.). Geographical distribution of animals, in *Christian examiner.* March 1850, pp. 181-204.

[40] AGASSIZ (L.). The Natural Relations between Animals and the Elements in which they live, in *American Journal of Science,* 1850, 2e sér., IX, pp. 369-394.

[41] AGASSIZ (L.). The primitive Diversity and Number of Animals in Geological Times, in *American Journal of Science,* 1854, 2e sér., XVII, pp. 309-324.

[42] AGASSIZ (L.). *Contributions to the Natural History of the United States. Part I. Essay on Classification.* Boston, 1857.

[43] AGASSIZ (L.). Professor Agassiz on the Origin of species, in *American Journal of Science,* 1860, 2e sér., XXX, pp. 142-154.

[44] AGASSIZ (L.). *De l'espèce et de la classification en zoologie.* Paris, Baillière, 1869.

[45] AZARA (F.). *Voyages dans l'Amérique méridionale depuis 1781 jusqu'en 1801.* Paris, Dentu, 1809, 4 vol.

[46] AZARA (F.). *Essais sur l'histoire naturelle des quadrupèdes de la province du Paraguay.* Paris, an IX, 2 vol.

[47] BABBAGE (C.). *The ninth Bridgewater Treatise. A fragment.* Londres, Murray, 1838, 2e éd., réimpression fac-similé, Londres, Frank Cass, 1967.

[48] BARTON (J.). *A lecture on the Geography of Plants.* Londres, 1827.

[49] BIBERG (I.). *Oeconomia Naturae, in* C. LINNÉ, *Amoenitates Academicae,* vol. II, Holmiae, 1762, pp. 1-52.

[50] BLYTH (E.). On the Psychological distinctions between Man and all Animals and the consequent Diversity of Human influence

over the inferior Ranks of Creation, from any mutual and reciprocal Influence exercised among the latter, in *Magazine of Natural History*, 1837, I, pp. 1-9, 77-85, 131-141.

[51] Blyth (E.). Further remarks on the affinities of the feathered race, *Magazine of Natural History*, 1836, 9, 505-514.

[52] Bory de Saint-Vincent. Géographie, sous les rapports des sciences naturelles, in *Dictionnaire classique d'histoire naturelle.* Paris, Rey, Gravier & Baudoin, 1825, t. 7, pp. 240-245.

[53] Brougham (H.). *Dissertations on subjects of Science connected with Natural Theology.* Londres, 1839, 2 vol.

[54] Buch (L. von). *Description physique des îles Canaries*, traduit de l'allemand par C. Boulanger. Paris, 1836.

[55] Buckland (L.). *Geology and Mineralogy considered with reference to Natural Theology.* Londres, 1836.

[56] Buffon. *Œuvres philosophiques.* Edition J. Piveteau. Paris, Presses Universitaires de France, 1954.

[57] Buffon. *Les époques de la nature.* Edition critique par J. Roger. Paris, *Mémoires du Museum*, nouv. série, série C, Sciences de la Terre, 1962.

[58] Candolle (A. de). *Géographie botanique raisonnée.* Paris, Masson, 1845, 2 vol.

[59] Candolle (A.-P. de). Géographie botanique, in *Dictionnaire des sciences naturelles.* Paris, Levrault, t. 18, 1820, pp. 359-422.

[60] Candolle (A.-P.). *Physiologie végétale ou exposition des forces et des fonctions vitales des végétaux.* Paris, Béchet jeune, 1832, 3 vol.

[61] Chambers (R.). *Vestiges of the Natural History of Creation*, Londres, Churchill, 10e éd., 1853.

[62] Clift (W.). Report of Mr Clift, of the College of Surgeons, London, in regard to the fossil Bones found in Caves and Bone-Breccia of New-Holland, in *The Edinburgh New Philosophical Journal*, 1831, X, pp. 394-396.

[63] Clift (W.). On the Succession of types of fossil Mammals from Australian Caves closely allied to living Marsupials, in *The Edinburgh New Philosophical Journal*, 1834, 10, p. 394.

[64] Cline (H.). *On the Form of Animals.* Londres, 1805.

[65] Cline (H.). *Observations on the Breeding and Form of Domestic Animals.* Londres, Wright, 1829.

[66] Cuvier (F.). Essay on the Domestication of mammiferous Animals, in *The Edinburgh New Philosophical Journal*, 1828, 4, pp. 292-297.

[67] Cuvier (G.). *Tableau élémentaire de l'histoire naturelle des animaux.* Paris, Baudoin, an 6.

[68] Cuvier (G.). *Lettres de Georges Cuvier à C. M. Pfaff 1788-1792.* Paris, Masson, 1858.

[69] Cuvier (G.). *Discours sur les révolutions du globe.* Paris, Berche & Tralin, 1881.

[70] Cuvier (G.). *Histoire des sciences naturelles, depuis leurs origines jusqu'à nos jours.* Paris, 1841-1845. Réimpression Farnborough, 1966, 5 vol.

[71] Darwin (E.). *Zoonomia ; or, the Laws of Organic Life.* Londres, Johnson, 1794-1796, 2 vol.

[72] Delta (pseud.). Thoughts on the Geographical Distribution of Insects, in *Entomological Magazine*, 1835, 2, pp. 44-54, 280-286.

[73] Fleming (J.). *Philosophy of Zoology.* Edinburgh, 1822, 2 vol.

[74] Flourens (P.). *Analyse raisonnée des travaux de Georges Cuvier.* Paris, Paulin, 1841.

[75] Forbes (E.). On some important Analogies between the animal and vegetable Kingdoms, in *Annals of Natural History*, 1845, XV, pp. 210-212.

[76] Forbes (E.). Have Genera, like Species, Centers of Distribution ?, in *Edinburgh New Philosophical Journal*, 1848, XLV, pp. 175-176.

[77] Forbes (E.). On the supposed Analogy between the Life of an Individual and the Duration of Species, in *Edinburgh New Philosophical Journal*, 1852, LIII, pp. 130-135.

[78] Forbes (E.). On the manifestation of Polarity in the distribution of organized beings in time, in *Royal Inst. Proc.*, 1851-1854, I, pp. 428-433.

[79] Forbes (E.). Zoo-geological considerations on the Fresh water Mollusca, in *Annals and Magazine of Natural History*, 1841, VI, pp. 241-242.

[80] Geoffroy Saint-Hilaire (I.). *Essais de zoologie générale.* Paris, Roret, 1841.

[81] Gray (A.). *Darwiniana.* Harvard University Press, 1963.

[82] Haeckel (E.). *Histoire de la création des êtres organisés d'après les lois naturelles.* Paris, Reinwald, 1877.

[83] Haeckel (E.). Darwin, Gœthe et Lamarck, in *Revue scientifique*, 1882, 3e série, IV, pp. 705-716.

[84] Herbert (W.). *Amaryllidaceae ; preceded by an Attempt to arrange the Monocotyledonous Orders, and following the Treatise on Crossbred Vegetables, and Supplement.* Londres, 1837.

[85] Herbert (W.). On the Production of Hybrid Vegetables ; with the Result of many Experiments made in the Investigation of the Subject, in *Transactions of the Horticultural Society*, 1832, 4.

[86] Herschell (W.). *Discours sur l'étude de la philosophie naturelle.* Paris, Paulin, 1834.

[87] Hinds (R. B.). Memoirs on Geographic Botany, in *Annals and Magazine of Natural History*, 1845, XV, pp. 11-20, pp. 89-104.

[88] Hooker (J. D.). On the distribution of arctic Plants, in *Transactions of the Linnean Society*, 1800, 23, pp. 251-348.

[89] Hooker (J. D.). *Life and Letters or Sir Joseph D. Hooker.* Edited by L. Huxley. Londres, Murray, 1918, 2 vol.

[90] Humboldt (A. de). *Essai sur la géographie des plantes, accompagné d'un Tableau physique des régions équinoxiales.* Paris, Schœll, 1807.

[91] HUMBOLDT (A. de). *Personal Narrative of Travels to the equinoctial Regions of the new Continent during the years 1799-1804.* Londres, Longmans, 1819-1929, 7 vol.

[92] HUMBOLDT (A. de). Sur les lois que l'on observe dans la distribution des formes végétales, in *Dictionnaire des sciences naturelles.* Paris, Levrault, 1820, t. 18, p. 422.

[93] HUXLEY (T. H.). Upon animal individuality, in *Annals and Magazine of Natural History*, 2e sér., 1852, IX, pp. 505-508.

[94] HUXLEY (T. H.). *Life and Letters of Thomas Henry Huxley.* Edited by his son L. Huxley. Londres, Macmillan, 1908, 3 vol.

[95] HUXLEY (T. H.). *Darwiniana. Essays.* New York, Appleton, 1893.

[96] LAMARCK. *Recherches sur les causes des principaux faits physiques.* Paris, Maradan, an II, 2 vol.

[97] LAMARCK. *Hydrogéologie, ou recherches sur l'influence générale des eaux sur la surface du globe terrestre, sur les causes de l'existence du bassin des mers, de son déplacement, de son transport successif sur les différents points de ce globe, enfin, sur les changements que les corps organiques vivants exercent sur la nature et l'état de cette surface.* Paris, an X.

[98] LAMARCK. *Philosophie zoologique.* Paris, Baillière, 1830. Autre édition, Paris, Savy, 1873.

[99] LAMARCK. *Histoire naturelle des animaux sans vertèbres.* Paris, Baillière, 1835-1845, 11 vol.

[100] LAMARCK. *Système analytique des connaissances positives de l'homme.* Paris, Belin, 1820.

[101] LATREILLE (P. A.). *Mémoires sur divers sujets de l'histoire naturelle des insectes, de géographie ancienne et de chronologie.* Paris, Déterville, 1819.

[102] LATREILLE (P. A.). Introduction à la géographie générale des arachnides et des insectes, ou des climats propres à ces animaux, in *Mémoires du Museum*, 1815, pp. 5-7.

[103] LAWRENCE (W.). *Lectures on physiology, zoology and the natural History of Man.* Londres, Bohn, 1834, 6e éd.

[104] LINNÉ (C. von). *Oratio de telluris habitabilis incremento.* Lugduni Batavorum, apud Cornelium Haak, 1744.

[105] LINNÉ (C. von). *Systema naturae per regna tria naturae, secundum classes, ordines, genera, species, cum characteribus differentiis, synonymis, locis.* Editio decima, reformata. Holmiae, impensis direct. Laurentii Salvii, 1758-1759, 2 vol.

[106] LYELL (C.). *Principles of geology.* Londres, Murray, 1830-1833, 3 vol., 1re éd. ; 1837, 4 vol., 5e éd.

[107] LYELL (C.). The theory of the Successive Geological Development of Plants, from the earliest Periods to our own Time, as deduced from Geological Evidence, in *Edinburgh New Philosophical Journal*, 1851, 51, pp. 213-226.

[108] LYELL (C.). *Life, Letters and Journals or Sir Charles Lyell.* Londres, 1881, 2 vol.

[109] Lyell (C.). Anniversary Address of the President, in *Quarterly Journal of the Geological Society of London*, 1850, 6, pp. xxvii-lxvi.
[110] Lyell (C.). Anniversary Address of the President, in *Quarterly Journal of the Geological Society of London*, 1851, 7, pp. xxxii-lxxi.
[111] Mac Leay (W. S.). *Horae entomologicae*. Londres, 1819-1821.
[112] Mac Leay (W. S.). *A Letter on the dying Struggle of the Dichotomous System*. Londres, 1830.
[113] Mac Leay (W. S.). Remarks on the Identity of certain general Laws which have been lately observed to regulate the natural Distribution of Insects and Fungi, in *Transactions of the Linnean Society of London*, 1838, 14, part. III, pp. 46-68.
[114] Malthus (T. R.). *An Essay on the Principle of Population*. Londres, 1836, 6e éd., 2 vol.
[115] Matthew (P.). *On naval Timber and Arboriculture*. Londres, 1831.
[116] [Matthew (P.)]. C. r. du nº 115, in *Gardener's Magazine*, 1832, 8, pp. 702-703.
[117] Milne-Edwards (H.). *Histoire naturelle des crustacés*. Paris, Roret, 1834, 3 vol. + Atlas.
[118] Milne-Edwards (H.). Géographie zoologique, in *L'Institut*, 1838, 6, pp. 290-291.
[119] Milne-Edwards (H.). On the natural affinities of the Lepidosiren ; and on the differing opinions of Mr Owen and Bischoff with regard to them, in *Annals and Magazine of Natural History*, 1841, VI, pp. 466-468.
[120] Milne-Edwards (H.). *Introduction à la zoologie générale*. Première partie, Paris, Masson, 1851.
[121] Milne-Edwards (H.). *Rapport sur les progrès récents des sciences zoologiques en France*. Paris, Imprimerie Impériale, 1867.
[122] Muller (F.). *Facts and arguments for Darwin*. Londres, Murray, 1869.
[123] Naudin (C.). Considérations philosophiques sur l'espèce et la variété, in *Revue horticole*, 1852, pp. 102-109.
[124] Paley (W.). *Natural Theology ; or Evidence of the Existence and Attributes of the Deity collected from the Appearances of Nature*. Londres, 1802.
[125] Paley (W.). *The Principles of Moral and Political Philosophy*. Londres, 1785.
[126] Playfair (J.). *Illustrations of the Huttonian Theory of the Earth*. New York, Dover, 1964. Réimpression de l'édition de 1802.
[127] Prichard (J. C.). *Researches into the Physical History of Mankind*. Londres, 1836-1837, 3e éd., 2 vol.
[128] Quatrefages (A. de). *Charles Darwin et ses précurseurs français*. Paris, Baillière, 1870.
[129] Ray (J.). *The Wisdom of God Manifested in the Works of Creation*. Londres, 1692, 2e éd.
[130] Richardson (Sir J.). *Fauna-boreali americana ; or the Zoology of the Northern Parts of British America*. Londres, 1829-1837, 4 vol.

[131] SCLATER (P. L.). On the general distribution of the members of the class Aves, in *Journal of the Linnean Society of London*, 1858, 2, pp. 130-145.

[132] SEBRIGHT (J.). *The art of improving the Breeds of Domestic Animals. In a letter addressed to the Right Hon. Sir Joseph Banks.* Londres, Harding, 1809.

[133] SEBRIGHT (J.). *Observations upon the instincts of animals.* Londres, Gossling & Egley, 1836.

[134] SEDGWICK (A.). *A Discourse on the Studies of the University of Cambridge.* Londres, Parker, 1850, 5e éd.

[135] STRICKLAND (H.). On the true method of discovering the Natural System in Zoology and Botany, in *Annals and Magazine of Natural History*, 1841, VI, pp. 184-193.

[136] STRICKLAND (H.). Observations upon the affinities and analogies or organized beings, in *Magazine of Natural History*, 1840, IV, pp. 219-226.

[137] SWAINSON (W.). *A preliminary Discourse on the Study of Natural History.* Londres, Longmans, 1834.

[138] SWAINSON (W.). *A Treatise on the Geography and Classification of Animals.* Londres, 1835.

[139] WALLACE (A. R.). *A Narrative of Travels on the Amazon and Rio Negro.* Londres, Reeve, 1853.

[140] WALLACE (A. R.). On the Law which has regulated the introduction of new species, in *Annals and Magazine of Natural History*, 1855, pp. 184-196.

[141] WALLACE (A. R.). Attempts at a Natural Arrangement of Birds, *Annals and Magazine of Natural History*, 1856, 18, pp. 193-216.

[142] WALLACE (A. R.). On the Natural History of the Aru Islands, in *Annals and Magazine of Natural History*, 1857, 20, pp. 473-485.

[143] WALLACE (A. R.). *My Life. A Record of Events and Opinions.* Londres, Chapmann & Hall, 1905, 2 vol.

[144] WALLACE (A. R.). *Letters and Reminiscences.* Edited by J. Marchant. Londres, Cassel, 1916, 2 vol.

[145] WALLACE (A. R.). Note on the passages of Malthus *Principle of Population*, which suggested the idea of natural selection to Darwin and myself, in *Darwin and Wallace celebration held on Thursday 1 July 1908.* Londres, 1908, pp. 111-118.

[146] WELLS (W. C.). *An account of a female of the white Race of Mankind Part of whose skin Resembles that of a Negro; with some observations on the Cause of the differences in colour and form between the white and negro races of Man.* Appendice in *Two Essays : One upon single vision with two eyes, the other on Dew.* Londres, 1818.

[147] WESTWOOD (J. O.). *An introduction to the modern classification of insects; founded on the natural habits and corresponding organization of the different families.* Londres, Longmans, 1839-1840, 2 vol.

[148] WHEWELL (W.). *History of the Inductive Sciences.* Londres, 1837, 1re éd., réimpression. Londres, F. Cass, 1967, 3 vol.

[149] Wilcke. On the police of nature, in *Selected dissertations from the Amoenitates Academicae, a supplement to Mr. Stillingfleet's Tracts relating to Natural History.* Translated by F. J. Brand. Londres, 1781, vol. I, pp. 129-166.
[150] Wilkinson (J.). *Remarks on the improvement of Cattle, etc., in a letter to Sir J. Sebright.* Nottingham, Barnett, 1820, 3e éd.
[151] Youatt (W.). *The Horse.* Londres, Library of Useful Knowledge, 1831.
[152] Youatt (W.). *Cattle, their breeds, management and diseases.* Londres, Library of Useful Knowledge, 1834.
[153] Youatt (W.). *Sheep : their breeds, management and diseases.* Londres, Library of Useful Knowledge, 1837.

III. — TRAVAUX CONTEMPORAINS

[154] Appleman (P.). The logic of evolution : some reconsiderations, *Victorian Studies*, 1959, sept., pp. 115-125.
[155] Ashworth (J. H.). Darwin as a student in Edinburgh 1825-1827, in *Proceedings of the Royal Society of Edinburgh*, 1935, 55, p. 97.
[156] Bailey (Sir E.). Charles Lyell (1797-1875), in *Notes and Records of the Royal Society of London*, 1959, 14, pp. 121-138.
[157] Baker (H. G.). Darwin and after Darwin, *Evolution*, 1960, 14, pp. 272-274.
[158] Barlow (N.). Cf. nos 21, 22, 31, 32.
[159] Barlow (N.). Erasmus Darwin, F.R.S. (1731-1802), in *Notes and Records of the Royal Society of London*, 1959, 14, pp. 85-98.
[160] Barlow (N.). Charles Darwin and the Galapagos Islands, in *Nature*, 1935, 136, p. 391.
[161] Barnett (S. A., éd.). *A century of Darwin.* Londres, Mercury Books, 1962.
[162] Beaudry (J. R.). The species concept : its evolution and present status, in *Revue canadienne de biologie*, 1960, 19, pp. 219-240.
[163] Beaudry (J. R.). *L'évolution biologique.* Montréal, A.G.E.U.M., 1963.
[164] Beer (Sir R. Gavin de). The Darwin-Wallace Centenary, *Endeavour*, 1958, 17, pp. 61-76.
[165] Beer (Sir R. Gavin de). The origins of Darwin's ideas on evolution and natural selection, in *Proceedings of the Royal Society of London*, B, 1961, 155, pp. 321-338.
[166] Beer (Sir R. Gavin de). Darwin, Mendel and Fisher, 1865-1965, in *Notes and Records of the Royal Society of London*, 1964, 19, pp. 192-227.
[167] Beer (Sir R. Gavin de). Other men's shoulders, in *Annals of Science*, 1964, 20, pp. 303-322.
[168] Beer (Sir R. Gavin de). Darwin without modern science, in *Nature*, 1959, CLXXIV, pp. 385-388.

[169] Beer (Sir R. Gavin de). *Charles Darwin. Evolution by Natural Selection.* Londres, Nelson, 1963.

[170] Bell (R. P., éd.). *Darwin's biological Work. Some aspects reconsidered.* New York, Science Edition, 1964.

[171] Bibby (C.). Huxley and the reception of the « Origin », in *Victorian Studies*, 1959, sept., pp. 76-86.

[172] Bibby (C.). *T. H. Huxley, Scientist, Humanist and Educator.* Londres, Watts & Co., 1959.

[173] Bourdier (F.). Quelques aperçus sur la paléontologie évolutive en France avant Darwin, in *Bulletin de la Société Géologique de France*, 7e série, I, 1959, pp. 881-896.

[174] Bourdier (F.). Trois siècles d'hypothèses transformistes, in *Revue d'Histoire des Sciences*, 1960, XIII, pp. 1-44.

[175] Cain (A. J.). *Animal Species and their Evolution.* Londres, Hutchinson University Library, 1963.

[176] Calman (W. T.). Patrick Matthew (1790-1874), in *Journal of Botany*, 1912, 50, pp. 193-194.

[177] Canguilhem (G.). *La connaissance de la vie.* Paris, Hachette, 1952.

[178] Canguilhem (G.). *Les concepts de « lutte pour l'existence » et de « sélection naturelle » en 1858 : Charles Darwin et Alfred Russel Wallace.* Paris, Palais de la Découverte, 1959.

[179] Canguilhem (G.). L'homme et l'animal du point de vue psychologique selon Darwin, in *Revue d'Histoire des Sciences*, 1960, 13, pp. 81-94.

[180] Canguilhem (G.), Lapassade (G.), Piquemal (J.), Ulmann (J.). Du développement à l'évolution, in *Thalès*, 1960, 11, pp. 1-66.

[181] Cannon (H. G.). *Lamarck and modern Genetics.* Manchester University Press, 1959.

[182] Cannon (W. F.). The bases of Darwin's achievement, a revaluation, in *Victorian Studies*, 1961, V, pp. 109-134.

[183] Cannon (W. F.). The uniformitarian-catastrophist debate, in *Isis*, 1960, 51, pp. 38-55.

[184] Cannon (W. F.). The problem of miracles in the 1830's, in *Victorian Studies*, 1960-1961, IV, pp. 5-32.

[185] Carles (J.). *Le transformisme.* Paris, Presses Universitaires de France, 1960.

[186] Caullery (M.). *La distribution géographique des organismes dans ses rapports avec l'évolution.* Paris, Editions de la *Revue politique et littéraire* et de la *Revue scientifique*, 1914.

[187] Chaland. *La sélection végétale.* Paris, Presses Universitaires de France, 1946.

[188] Coleman (W.). Lyell and the reality of species 1830-1833, in *Isis*, 1962, 53, pp. 325-338.

[189] Coleman (W.). Georges Cuvier, biological variations and the fixity of species, in *Archives internationales d'Histoire des Sciences*, 1962, 15, pp. 315-331.

[190] Coleman (W.). *Georges Cuvier, Zoologist. A Study in the evolution theory.* Harvard University Press, 1964.

[191] COWLES (T.). Malthus, Darwin and Bagehot : a study in the transference of concepts, in *Isis*, 1937, 26, pp. 341-348.
[192] CROWSON (R. A.). Darwin and Classification, in *A Century of Darwin* (nº 161), pp. 102-130.
[193] CUNY (H.). *Darwin. Textes choisis*. Paris, Editions sociales, 1965.
[194] DARLINGTON (C. D.). The origin of Darwinism, in *Scientific American*, 1959, 200, no 5, pp. 60-66.
[195] DARLINGTON (C. D.). *Darwin's place in history*. New York, Macmillan, 1961.
[196] DARLINGTON (C. D.). Purpose and particles in the study of heredity, *in* UNDERWOOD, éd., *Science, Medicine and History*. Oxford University Press, 1953, pp. 472-481, vol. II.
[197] DARLINGTON (P.). Darwin and zoogeography, in *Proceedings of the American Philosophical Society*, 1959, 103, pp. 307-319.
[198] DAUDIN (H.). *De Linné à Jussieu. Méthodes de la classification et idée de série*. Paris, Alcan, 1926.
[199] DAUDIN (H.). *Cuvier et Lamarck. Les classes zoologiques et l'idée de série animale*. Paris, Alcan, 1926, 2 vol.
[200] DAUDIN (H.). Charles Darwin (1809-1882), in *Pages libres*, 1909, pp. 137-148 et 177-189.
[201] DOBZHANSKY (T.). *Genetics and the Origin of species*. New York, Columbia University Press, 1951, 3e éd.
[202] DOBZHANSKY (T.). Blyth, Darwin and Natural Selection, in *American Naturalist*, 1959, 93, pp. 204-206.
[203] DUPREE (A. H.). *Asa Gray 1810-1888*. Harvard University Press, 1959.
[204] EISELEY (L.). Charles Darwin, in *Scientific American*, 1956, 194, no 2, pp. 62-72.
[205] EISELEY (L.). *Darwin's Century*. Londres, Gollancz, 1959.
[206] EISELEY (L.). Charles Darwin, Edward Blyth and the theory of Natural Selection, in *Proceedings of the American Philosophical Society*, 1959, 103, pp. 94-114.
[207] EISELEY (L.). Alfred Russel Wallace, in *Scientific American*, 1959, 200, no 2, pp. 70-84.
[208] EISELEY (L.). Darwin, Coleridge, and the theory of unconscious creation, in *Library Chronicle of the University of Pennsylvania*, 1965, 31, pp. 7-22.
[209] EISELEY (L.). Charles Lyell, in *Scientific American*, 1959, 201, no 2, pp. 98-106.
[210] ELLEGARD (A.). *Darwin and the general reader : The reception of Darwin's theory of evolution in British periodical press 1859-1872*. Stockholm, Almsquist & Weksell, 1958.
[211] ELTON (C.). *Animal Ecology*. Londres, Methuen, 1966.
[212] FEIBLEMAN (J. K.). Darwin and Scientific Method, in *Tulane Studies in Philosophy*, 1959, 8, pp. 3-14.
[213] FISHER (R. A.). Retrospect of the criticism of the theory of natural selection, in *Evolution as a process*, nº 242, pp. 84-98.

[214] FISHER (R. A.). *The genetical theory of natural selection.* New York, Dover, 1958, 2e éd.

[215] FLEMING (D.). Charles Darwin, the anaesthetic man, in *Victorian Studies*, 1961, 4, pp. 219-236.

[216] FORTHERGILL (P. G.). *Historical aspects of organic evolution.* New York, Philosophical Library, 1953.

[217] FOUCAULT (M.). *Les mots et les choses.* Paris, Gallimard, 1966.

[218] GADOW (H.). Geographical Distribution of Animals, in *Darwin and modern science*, no 313, pp. 319-336.

[219] GALIEN (L.). *La sélection animale.* Paris, Presses Universitaires de France, 1950.

[220] GARFINKEL (N.). Science and Religion in England 1790-1800 : The critical response to the works of Erasmus Darwin, in *Journal of the history of ideas*, 1955, 16, pp. 376-388.

[221] GEORGE (W.). *Biologist philosopher. A study of the life and writings of Alfred Russel Wallace.* Londres, Abelard-Schuman, 1964.

[222] GILLISPIE (C. C.). The formation of Lamarck's evolutionary theory, in *Archives internationales d'histoire des sciences*, 1956, IX, pp. 323-338.

[223] GILLISPIE (C. C.). Lamarck and Darwin in the history of science, in *American Scientist*, 1958, pp. 388-409.

[224] GILLISPIE (C. C.). *The Edge of Objectivity.* Princeton University Press, 1960.

[225] GILLISPIE (C. C.). *Genesis and Geology.* New York, Harper, 1959.

[226] GLASS (B.), TEMKIN (O.), STRAUSS (Jr. W. L.), éd. *Forerunners of Darwin 1745-1859.* Baltimore, John Hopkins Press, 1959.

[227] GRASSE (P.-P.). Lamarck, Darwin, Wallace, in *Revue d'Histoire des Sciences*, 1960, XIII, pp. 73-79.

[228] GREENE (J. C.). *The Death of Adam.* New York, Mentor Books, 1961.

[229] GRUBER (H. E.). Darwin and *Das Kapital*, in *Isis*, 1961, 52, pp. 582-583.

[230] GUNDRY (D. W.). The Bridgewater Treatises and their Authors, in *History*, 1946, XXXI, pp. 140-152.

[231] GUYÉNOT (E.). *Les sciences de la vie aux XVIIe et XVIIIe siècles. L'idée d'évolution.* Paris, Albin Michel, 1957.

[232] HAGBERG (K.). *Carl Linné.* Paris, « Je Sers », 1944.

[233] HALDANE (J. B. S.). Natural Selection, in *Darwin's Biological Works*, no 170, pp. 101-149.

[234] HAMMOND (J.). Darwin and Animal Breeding, in *A Century of Darwin*, no 161, pp. 85-102.

[235] HIMMELFARB (G.). *Darwin and the Darwinian Revolution.* New York, Anchor Books, 1962.

[236] HOFSTEN (N. von). From Cuvier to Darwin, in *Isis*, 1935-1936, XXIV, pp. 361-366.

[237] HOOYKAAS (R.). *Natural Law and Divine Miracle. A historical-critical Study on the Principle of Uniformity in Geology.* Leiden, Brill, 1963.

[238] HOOYKAAS (R.). Geological Uniformitarianism and Evolution, in *Archives internationales d'histoire des sciences*, 1966, 74-75, pp. 3-19.
[239] HUXLEY (J.). *Evolution, the modern synthesis*. Londres, 1944.
[240] HUXLEY (J.). *La revanche du darwinisme*. Paris, Palais de la Découverte, 1948.
[241] HUXLEY (J.). The emergence of Darwinism, in *Evolution after Darwin*, n° 327, vol. I, pp. 1-21.
[242] HUXLEY (J.), HARDY (A. C.), FORD (E. B.), éd. *Evolution as a process*. Londres, Allen & Unwin, 1954.
[243] IRVINE (W.). *Apes, Angels and Victorians*. New York, Meridian Books, 1959.
[244] JEPSEN (G. L.). Selection, « orthogenesis » and the fossil record, in *Proceedings of the American Philosophical Society*, 1949, 93, pp. 479-500.
[245] JESPERSEN (P. H.). Charles Darwin and Dr Grant, in *Lychnos*, 1948-1949, 11, p. 159.
[246] JUDD (J. W.). Charles Darwin's earliest doubts concerning the immutability of species, in *Nature*, 1911-1912, LXXXVIII, pp. 8-12.
[247] JUDD (J. W.). *The coming of evolution*. Cambridge University Press, 1910.
[248] JUDD (J. W.). Darwin and Geology, in *Darwin and Modern Science*, n° 313, pp. 337-384.
[249] KEITH (Sir A.). *Darwin Revalued*. Londres, Watts, 1955.
[250] KING-HELE (D.). *Erasmus Darwin*. Londres, Macmillan, 1963.
[251] KING-HELE (D.). *The Essential Writings of Erasmus Darwin*. Londres, Mac Gibbon & Kee, 1968.
[252] KOFOID (C. A.). An American Pioneer in Science, in *Scientific Monthly*, 1941, pp. 77-80.
[253] KUNKLE (B. W.). Benjamin Franklin and the struggle for existence, *Science*, 1917, XLVI, p. 437.
[254] LACK (D.). Darwin's Finches, in *Scientific American*, 1953. Reprint n° 22.
[255] LACK (D.). Mr. Lawson of Charles, in *American Scientist*, 1963, 51, pp. 12-13.
[256] LACK (D.). *Darwin's finches : an essay on the general biological theory of evolution*. New York, Harper, 1961.
[257] LANDRIEU (M.). *Lamarck, le fondateur du transformisme*. Formant le tome XXI, 1908, des *Mémoires de la Société Zoologique de France*.
[258] LANESSAN (J.-L. de). L'attitude de Darwin à l'égard de ses prédécesseurs au sujet de l'Origine des espèces, in *Revue anthropologique*, 1914, XXIV, pp. 33-45.
[259] LERNER (M.). The concept of natural selection : a centennial view, in *Proceedings of the American Philosophical Society*, 1959, 103, pp. 173-182.
[260] LEROY (J.-F.). *Charles Darwin*. Paris, Seghers, 1966.
[261] L'HÉRITIER (P.). *Certificat de Biologie générale. Evolution (5)*. Faculté des Sciences d'Orsay, 1965. Polycopié.

[262] LIMOGES (C.). Charles Darwin, Henri Milne-Edwards et le principe de divergence. A paraître dans les *Actes du XII*e *Congrès International d'Histoire des Sciences* (Paris, 1968).

[263] LOEWENBERG (B.). Darwin scholarship of the Darwin year, in *American Quarterly*, 1959, 11, pp. 526-533.

[264] LOEWENBERG (B.). The Mosaic of Darwinian Thought, in *Victorian Studies*, 1959, sept., pp. 3-18.

[265] LOEWENBERG (B.). Darwin and the tragic vision, in *American Quarterly*, 1962, XIV, pp. 618-622.

[266] LOEWENBERG (B.). Darwin and Darwin Studies, 1959-1963, in *History of Science*, 1965, 4, pp. 15-54.

[267] LOVEJOY (A.). The argument for organic evolution before the Origin of species, 1830-1858, in *Forerunners of Darwin*, nº 224, pp. 356-414.

[268] LOVEJOY (A.). *The Great Chain of Being*. New York, Harper & Roe, 1965.

[269] LOVEJOY (A.). Buffon and the problem of species, in *Forerunners of Darwin*, nº 224, pp. 84-113.

[270] LURIE (E.). Louis Agassiz and the idea of evolution, in *Victorian Studies*, 1959, sept., pp. 87-108.

[271] LURIE (E.). *Louis Agassiz. A life in Science*. Chicago University Press, 1960.

[272] MAC LEOD. Evolutionism and Richard Owen 1830-1868, in *Isis*, 56, pp. 259-280.

[273] MAYR (E.). Ecological factors in speciation, in *Evolution*, 1947, 1, pp. 263-288.

[274] MAYR (E.). Speciation and selection, in *Proceedings of the American Philosophical Society*, 1949, 93, pp. 514-519.

[275] MAYR (E.). Species concepts and definitions, in *The species problem*, American Association for the Advancement of Science, Publication 50, 1957, pp. 1-22.

[276] MAYR (E.). Isolation as an evolutionary factor, in *Proceedings of the American Philosophical Society*, 1959, 103, pp. 221-230.

[277] MAYR (E.). *Systematics and the Origin of Species*. New York, Dover, 1964.

[278] MAYR (E.). Darwin, Agassiz and Evolution, in *Harvard Library Bulletin*, 1959, 13, pp. 165-194.

[279] MAYR (E.). The emergence of evolutionary novelties, in *Evolution after Darwin*, vol. I, pp. 349-380.

[280] MCKINNEY (H. L.). Alfred Russel Wallace and the discovery of Natural Selection, in *Journal of the History of Medicine and Allied Sciences*, 1966, XXI, pp. 333-357.

[281] MENDELSOHN (E.). The biological sciences in the XIXth century : some problems and sources, in *History of Science*, III, 1964, pp. 39-59.

[282] METZGER (H.). Le rôle des précurseurs dans l'évolution de la science, in *Thalès*, 1937-1939, pp. 199-209.

[283] Milhauser (M.). *Just before Darwin. R. Chambers and the Vestiges.* Wesleyan University Press, 1959.
[284] Mudford (P. G.). Lawrence's Natural History of Man (1819), in *Journal of the History of Ideas*, 1968, XXIX, pp. 430-436.
[285] Muller (H. J.). The Darwinian and Modern Concept of Natural Selection, in *Proceedings of the American Philosophical Society*, 93, pp. 459-470.
[286] Muntzing (A.). Darwin's views on variation under domestication in the light of present-day knowledge, in *Proceedings of the American Philosophical Society*, 1959, 103, pp. 190-220.
[287] Muntzing (A.). Darwin's view on variation under domestication in the light of present-day knowledge, in *American Scientist*, 1959, 47, pp. 314-325.
[288] Olby (R. C.). *Charles Darwin.* Oxford University Press, 1967.
[289] Oppenheimer (J.). An embryological enigma in the *Origin of species*, in *Essays in the History of Embryology and Biology.* The M.I.T. Press, 1967, pp. 221-255.
[290] Osborn (H. F.). *From the Greeks to Darwin. An outline of the evolution idea.* New York, Macmillan, 1894.
[291] Ostoya (P.). *Les théories de l'évolution.* Paris, Payot, 1951.
[292] Pantin (C. F. A.). Alfred Russel Wallace, F.R.S., and his Essays of 1858 and 1855, in *Notes and Records of the Royal Society of London*, 1959, 14, pp. 67-84.
[293] Peckham (M.). Darwinism and Darwiniticism, in *Victorian Studies*, 1959, sept., pp. 19-40.
[294] Piquemal (J.). *Aspects de la pensée de Mendel.* Paris, Palais de la Découverte, 1965.
[295] Plochmann (G. K.). Darwin or Spencer ?, in *Science*, 1959, 130, pp. 1452-1456.
[296] Prenant (M.). *Adaptation, Ecologie et Biocœnotique.* Paris, Hermann, 1934.
[297] Prenant (M.). *Darwin.* Paris, Hier et aujourd'hui, 1946.
[298] Prosser (C. L.). The *Origin* after a century : prospects for the future, in *American Scientist*, 1959, 47, pp. 536-556.
[299] Ritterbush (P. C.). *Overtures to Biology. The speculations of Eighteenth-century Naturalists.* Yale University Press, 1964.
[300] Roger (J.). *Les sciences de la vie dans la pensée française au XVIIIe siècle.* Paris, Colin, 1963.
[301] Romer (A. S.). Darwin and the fossil record, in *A century of Darwin*, nº 161, pp. 130-153.
[302] Rostand (J.). *Charles Darwin.* Paris, Gallimard, 1947.
[303] Rostand (J.). Lamarck, in *Hommes de vérité.* Paris, Stock, 1948, pp. 7-40.
[304] Rostand (J.). *L'évolution des espèces.* Paris, Hachette, 1932.
[305] Rostand (J.). *Esquisse d'une histoire de la biologie.* Paris, Gallimard, 1964.
[306] Rostand (J.). Précurseurs français de Darwin, in *Revue d'Histoire des Sciences*, 1960, 13, pp. 45-58.

[307] Rostand (J.). Une œuvre méconnue : les *Vestiges of Natural History of Creation*, in *Revue d'Histoire des Sciences*, 1955, 9, pp. 62-73.
[308] Rouche (M.). *Herder précurseur de Darwin.* Publications de la Faculté des Lettres de l'Université de Strasbourg, fascicule 94, 1940.
[309] Rudwick (M. J. J.). A critique of Uniformitarist Geology : a letter from W. D. Conybeare to Charles Lyell, 1841, in *Proceedings of the American Philosophical Society*, 1967, 111, pp. 272-287.
[310] Russel (E. F.). *Form and Function.* Londres, Murray, 1916.
[311] Sandow (A.). Social factors in the origin of Darwinism, *Quarterly Review of Biology*, 1938, 13, pp. 315-326.
[312] Scriven (M.). Explanation and prediction in evolutionary theory, in *Science*, 1959, 130, pp. 477-482.
[313] Seward (A. C.). *Darwin and Modern Science.* Cambridge University Press, 1909.
[314] Shryock. The strange case of Wells' Theory of Natural Selection, in *Studies and Essays in the History of Science and Learning offered in Homage to George Sarton.* Ed. Ashley Montagu, 1944, pp. 197-207.
[315] Simpson (G. G.). *The Meaning of Evolution.* New Haven, 1949.
[316] Simpson (G. G.). Lamarck, Darwin and Butler, three approaches to evolution, in *American Scholar*, 1961, 30, pp. 238-249.
[317] Singer (C.). *A History of Biology.* Londres, Abelard-Schuman, 1962.
[318] Smith (J. M.). *The theory of evolution.* Londres, Penguin, 1958.
[319] Smith (J. M.). The Sexual Selection, in *A Century of Darwin*, n° 161, pp. 231-245.
[320] Smith (S.). Evolution : Two books and some Darwin Marginalia, in *Victorian Studies*, 1959, sept., pp. 109-114.
[321] Smith (S.). The origin of the *Origin* as discerned from Charles Darwin's Notebooks and his annotations in the books he read between 1837 and 1842, *The Advancement of Science*, 1960, 16, pp. 391-401.
[322] Smith (S.). Darwin and Henslow, in *The Cambridge Review*, 1968, 9 févr., pp. 263-264.
[323] Stauffer (R. C.). On the Origin of Species : an unpublished version, in *Science*, 1959, 130, pp. 1449-1452.
[324] Stauffer (R. C.). Ecology in the long manuscript version of Darwin's *Origin of Species* and Linnaeus *Oeconomy of Nature*, in *Proceedings of the American Philosophical Society*, 1960, 104, pp. 235-241.
[325] Stauffer (R. C.). Haeckel, Darwin and ecology, in *Quarterly Review of Biology*, 1957, 32, pp. 138-144.
[326] Stephen (L.), *History of English Thought in the Eighteenth Century.* Londres, Harbinger, 1962, 2 vol.
[327] Tax (S., éd.). *Evolution after Darwin.* Chicago University Press, 1960, 3 vol.

[328] THISELTON-DYER (W.). Geographical Distribution of Plants, in *Darwin and Modern Science*, nº 313, pp. 298-318.

[329] THODAY (J. M.). Natural Selection and Biological Progress, in *A Century of Darwin*, nº 161, pp. 313-334.

[330] THOMAS (H. H.). The Rise of Geology and its influence on contemporary Thought, in *Annals of Science*, 1941-1947, 5, pp. 325-341.

[331] THOMPSON (J. A.). Darwin's Predecessors, in *Darwin and Modern Science*, nº 313, pp. 3-17.

[332] TINTANT (H.). Principes de la systématique, *in* PIVETEAU (J.). *Traité de Paléontologie*, Paris, Masson, 1952, vol. 1, pp. 41-64.

[333] TURRIL (W. B.). *J. D. Hooker*. Londres, Nelson, 1963.

[334] VANDEL (A.). Lamarck et Darwin, in *Revue d'Histoire des Sciences*, 1960, XIII, pp. 59-72.

[335] VANDEL (A.). *L'homme et l'évolution*. Paris, Gallimard, 1958.

[336] VORZIMMER (P.). Charles Darwin and Blending Inheritance, in *Isis*, 1963, 54, pp. 371-390.

[337] VORZIMMER (P.). Darwin's ecology and its influence upon his theory, in *Isis*, 1965, 56, pp. 148-155.

[338] WADDINGTON (C. H.). Evolutionary Adaptation, in *Evolution after Darwin*, nº 327, vol. 1, pp. 381-402.

[339] WICHLER (G.). *Charles Darwin : the founder of the theory of evolution and natural selection*. Paris, Pergamon, 1961.

[340] WILLIAMS-ELLIS (A.). *Darwin's Moon. A Biography of Alfred Russel Wallace*. Londres, Blackie, 1966.

[341] WILSON (L.). The development of the concept of uniformitarianism in the mind of Charles Lyell, in *Acts of the Xth International Congress of the History of Science*, Ithaca-Philadelphia, 1962, Paris, Hermann, 1964, 2 vol. ; vol. II, pp. 993-996.

[342] YONGE (C. M.). Darwin and Coral Reefs, in *A Century of Darwin*, nº 161, pp. 245-267.

[343] ZIRKLE (C.). The early history of the idea of the inheritance of acquired characters and of pangenesis, in *Transactions of the American Philosophical Society*, 1946, 35.

[344] ZIRKLE (C.). Natural Selection before the *Origin* ; in *Proceedings of the American Philosophical Society*, 1941, 84, pp. 71-123.

[345] ZIRKLE (C.). Benjamin Franklin, Thomas Malthus and the US Census, in *Isis*, 1957, 48, pp. 58-62.

[346] ZIRKLE (C.). Species before Darwin, in *Proceedings of the American Philosophical Society*, 1959, 103, pp. 636-644.

index des auteurs cités

(Cet Index ne comprend pas les noms de la Bibliographie)

table des matières

1970. — Imprimerie des Presses Universitaires de France. — Vendôme (France)
ÉDIT. N° 30 967 IMPRIMÉ EN FRANCE **IMP. N° 21 835**